사고력도 탄탄! 창의력도 탄탄!
수학 일등의 지름길 「기탄사고력수학」

♛ 단계별·능력별 프로그램식 학습지입니다

유아부터 초등학교 6학년까지 각 단계별로 4~6권씩 총 52권으로 구성되었으며, 처음 시작할 때 나이와 학년에 관계없이 능력별 수준에 맞추어 학습하는 프로그램식 학습지입니다.

♛ 사고력·창의력을 키워 주는 수학 학습지입니다

다양한 사고 단계를 거쳐 문제 해결력을 높여 주며, 개념과 원리를 이해하도록 하여 수학적 사고력을 키워 줍니다. 또 수학적 사고를 바탕으로 스스로 생각하고 깨닫는 창의력을 키워 줍니다.

♛ 유아 과정은 물론 초등학교 수학의 전 영역을 골고루 학습합니다

운필력, 공간 지각력, 수 개념 등 유아 과정부터 시작하여, 초등학교 과정인 수와 연산, 도형 등 수학의 전 영역을 골고루 다루어, 자녀들의 수학적 사고의 폭을 넓히는 데 큰 도움을 줍니다.

♛ 학습 지도 가이드와 다양한 학습 성취도 평가 자료를 수록했습니다

매주, 매달, 매 단계마다 학습 목표에 따른 지도 내용과 지도 요점, 완벽한 해설을 제공하여 학부모님께서 쉽게 지도하실 수 있습니다. 창의력 문제와 수학 경시 대회 예상 문제를 단계별로 수록, 수학 실력을 완성시켜 줍니다.

♛ 과학적 학습 분량으로 공부하는 습관이 몸에 배입니다

하루 10~20분 정도의 과학적 학습량으로 공부에 싫증을 느끼지 않게 하고, 학습에 자신감을 가지도록 하였습니다. 매일 일정 시간 꾸준하게 공부하도록 하면, 시키지 않아도 공부하는 습관이 몸에 배게 됩니다.

What?

「기탄사고력수학」은
체계적이고 장기적인 프로그램으로
꾸준히 학습하면 반드시 성적으로 보답합니다

✿ 스몰 스텝(Small Step)방식으로 꾸준히 학습하면 성적이 올라갑니다

「기탄사고력수학」은 단순히 문제만 나열한 문제집이 아닙니다. 체계적이고 장기적인 학습프로그램을 통해 수학적 사고력과 창의력을 완성시켜 주는 스몰 스텝(Small Step)방식으로 꾸준히 학습하면 반드시 성적이 올라갑니다.

✿ 하루 3장, 10~20분씩 규칙적으로 학습하게 하세요

매일 일정 시간에 일정한 학습량을 꾸준히 재미있게 해야만 학습효과를 높일 수 있습니다. 주별로 분철하기 쉽게 제본되어 있으니, 교재를 구입하시면 먼저 분철하여 일주일 학습 분량만 자녀들에게 나누어 주세요. 그래야만 아이들이 학습 성취감과 자신감을 가질 수 있습니다.

✿ 자녀들의 수준에 알맞은 교재를 선택하세요

〈기탄사고력수학〉은 유아에서 초등학교 6학년까지, 나이와 학년에 관계없이 학습 난이도별로 자신의 능력에 맞는 단계를 선택하여 시작하는 능력별 교재입니다. 그러나 자녀의 수준보다 1~2단계 낮춘 교재부터 시작하면 학습에 더욱 자신감을 갖게 되어 효과적입니다.

교재 구분	교재 구성	대 상
A단계 교재	1, 2, 3, 4집	4세 ~ 5세 아동
B단계 교재	1, 2, 3, 4집	5세 ~ 6세 아동
C단계 교재	1, 2, 3, 4집	6세 ~ 7세 아동
D단계 교재	1, 2, 3, 4집	7세 ~ 초등학교 1학년
E단계 교재	1, 2, 3, 4, 5, 6집	초등학교 1학년
F단계 교재	1, 2, 3, 4, 5, 6집	초등학교 2학년
G단계 교재	1, 2, 3, 4, 5, 6집	초등학교 3학년
H단계 교재	1, 2, 3, 4, 5, 6집	초등학교 4학년
I 단계 교재	1, 2, 3, 4, 5, 6집	초등학교 5학년
J단계 교재	1, 2, 3, 4, 5, 6집	초등학교 6학년

How?

「기탄사고력수학」으로
수학 성적 올리는 일등비법을 공개합니다

✳ 문제를 먼저 풀어 주지 마세요

기탄사고력수학은 직관(전체 감지)을 논리(이론과 구체 연결)로 발전시켜 답을 구하도록 구성되었습니다. 쉽게 문제를 풀지 못하더라도 노력하는 과정에서 더 많은 것을 얻을 수 있으니, 약간의 힌트 외에는 자녀가 스스로 끝까지 문제를 풀어 나갈 수 있도록 격려해 주세요.

✳ 교재는 이렇게 활용하세요

먼저 자녀들의 능력에 맞는 교재를 선택하세요. 그리고 일주일 분량씩 분철하여 매일 3장씩 풀 수 있도록 해 주세요. 한꺼번에 많은 양의 교재를 주시면 어린이가 부담을 느껴서 학습을 미루거나 포기하기 쉽습니다. 적당한 양을 매일매일 학습하도록 하여 수학 공부하는 재미를 느낄 수 있도록 해 주세요.

✳ 교재 학습 과정을 꼭 지켜 주세요

한 주 학습이 끝날 때마다 창의력 문제와 경시 대회 예상 문제를 꼭 풀고 넘어가도록 해 주시고, 한 권(한 달 과정)이 끝나면 성취도 테스트와 종료 테스트를 통해 스스로 실력을 가늠해 볼 수 있도록 도와 주세요. 문제를 다 풀면 반드시 해답지를 이용하여 정확하게 채점해 주시고, 틀린 문제를 체크해 놓았다가 다음에는 확실히 풀 수 있도록 지도해 주세요.

✳ 자녀의 학습 관리를 게을리 하지 마세요

수학적 사고는 하루 아침에 생겨나는 것이 아닙니다. 날마다 꾸준히 규칙적으로 학습해 나갈 때에만 비로소 수학적 사고의 기틀이 마련되는 것입니다. 교육은 사랑입니다. 자녀가 학습한 부분을 어머니께서 꼭 확인하시면서 사랑으로 돌봐 주세요. 부모님의 관심 속에서 자란 아이들만이 성적 향상은 물론 이 사회에서 꼭 필요한 인격체로 성장해 나갈 수 있다는 것도 잊지 마세요.

기탄교력수학 교재별 학습 내용

A 단계 교재

A - ❶ 교재

나와 가족에 대하여 알기
바른 행동 알기
다양한 선 그리기
다양한 사물 색칠하기
○△□ 알기
똑같은 것 찾기
빠진 것 찾기
종류가 같은 것과 다른 것 찾기
관찰력, 논리력, 사고력 키우기

A - ❷ 교재

필요한 물건 찾기
관계 있는 것 찾기
다양한 기준에 따라 분류하기
(종류, 용도, 모양, 색깔, 재질, 계절, 성질 등)
두 가지 기준에 따라 분류하기
다섯까지 세기
변별력 키우기
미로 통과하기

A - ❸ 교재

다양한 기준으로 비교하기
(길이, 높이, 양, 무게, 크기, 두께, 넓이, 속도, 깊이 등)
시간의 순서 비교하기
반대 개념 알기
3까지의 숫자 배우기
그림 퍼즐 맞추기
미로 통과하기

A - ❹ 교재

최상급 개념 알기
다양한 기준으로 순서 짓기 (크기, 시간, 길이, 두께 등)
네 가지 이상 비교하기
이중 서열 알기
ABAB, ABCABC의 규칙성 알기
다양한 규칙 이해하기
부분과 전체 알기
5까지의 숫자 배우기
일대일 대응, 일대다 대응 알기
미로 통과하기

B 단계 교재

B - ❶ 교재

열까지 세기
9까지의 숫자 배우기
사물의 기본 모양 알기
모양 구성하기
모양 나누기와 합치기
같은 모양, 짝이 되는 모양 찾기
위치 개념 알기 (위, 아래, 앞, 뒤)
위치 파악하기

B - ❷ 교재

9까지의 수량, 수 단어, 숫자 연결하기
구체물을 이용한 수 익히기
반구체물을 이용한 수 익히기
위치 개념 알기 (안, 밖, 왼쪽, 가운데, 오른쪽)
다양한 위치 개념 알기
시간 개념 알기 (낮, 밤)
구체물을 이용한 수와 양의 개념 알기
(같다, 많다, 적다)

B - ❸ 교재

순서대로 숫자 쓰기
거꾸로 숫자 쓰기
1 큰 수와 2 큰 수 알기
1 작은 수와 2 작은 수 알기
반구체물을 이용한 수와 양의 개념 알기
보존 개념 익히기
여러 가지 단위 배우기

B - ❹ 교재

순서수 알기
사물의 입체 모양 알기
입체 모양 나누기
두 수의 크기 비교하기
여러 수의 크기 비교하기
0의 개념 알기
0부터 9까지의 수 익히기

C 단계 교재

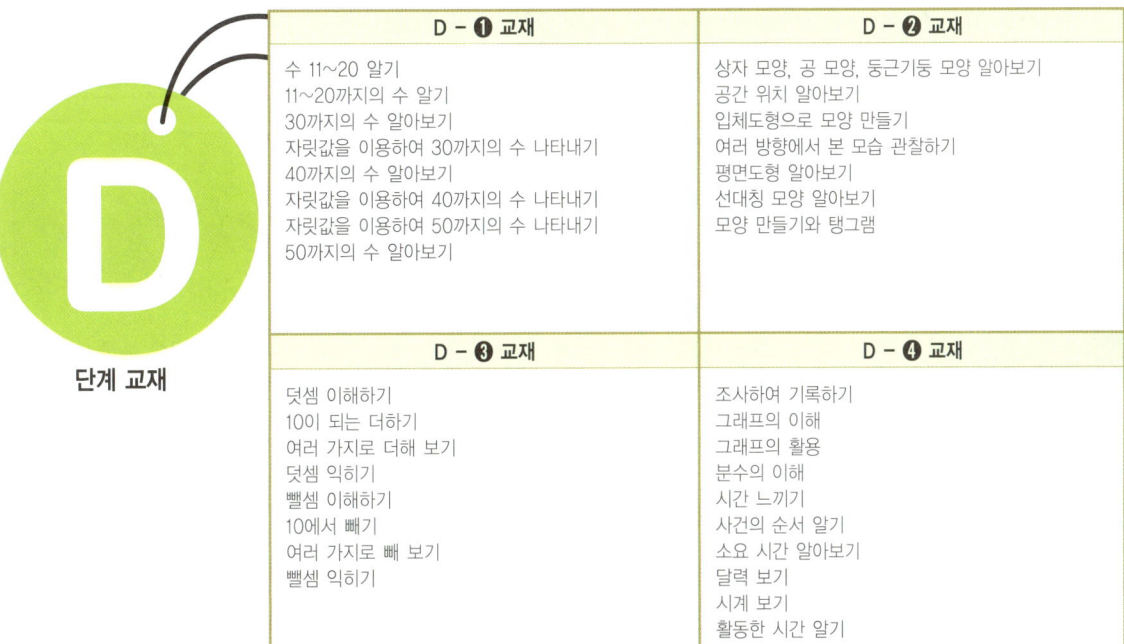

기탄교력수학 **교재별 학습 내용**

E 단계 교재

E - ❶ 교재	E - ❷ 교재	E - ❸ 교재
사물의 개수를 세어 보고 1, 2, 3, 4, 5 알아보기 0의 개념과 0~5까지의 수의 순서 알기 하나 더 많다, 적다의 개념 알기 두 수의 크기 비교하기 사물의 개수를 세어 보고 6, 7, 8, 9 알아보기 0~9까지의 수의 순서 알기 하나 더 많다, 적다의 개념 알기 두 수의 크기 비교하기 여러 가지 모양 알아보기, 찾아보기, 만들어 보기 규칙 찾기	두 수로 가르기 두 수를 모으기 가르기와 모으기 덧셈식 알아보기 뺄셈식 알아보기 길이 비교해 보기 높이 비교해 보기 들이 비교해 보기 무게 비교해 보기 넓이 비교해 보기	수 10(십) 알아보기 19까지의 수 알아보기 몇십과 몇십 알아보기 물건의 수 세기 50까지 수의 순서 알아보기 두 수의 크기 비교하기 분류하기 분류하여 세어 보기
E - ❹ 교재	**E - ❺ 교재**	**E - ❻ 교재**
수 60, 70, 80, 90 99까지의 수 수의 순서 두 수의 크기 비교 여러 가지 모양 알아보기, 찾아보기 여러 가지 모양 만들기, 그리기 규칙 찾기 10을 두 수로 가르기 10이 되도록 두 수를 모으기	10이 되는 더하기 10에서 빼기 세 수의 덧셈과 뺄셈 (몇십)+(몇), (몇십 몇)+(몇), (몇십 몇)+(몇십 몇) (몇십 몇)-(몇), (몇십 몇)-(몇십 몇) 긴바늘, 짧은바늘 알아보기 몇 시 알아보기 몇 시 30분 알아보기	세 수의 덧셈 받아올림이 있는 (몇)+(몇) 받아내림이 있는 (십 몇)-(몇) 세 수의 계산 덧셈식, 뺄셈식 만들기 □가 있는 덧셈식, 뺄셈식 만들기 여러 가지 방법으로 해결하기

F 단계 교재

F - ❶ 교재	F - ❷ 교재	F - ❸ 교재
백(100)과 몇백(200, 300, ……)의 개념 이해 세 자리 수와 뛰어 세기의 이해 세 자리 수의 크기 비교 받아올림이 있는 (두 자리 수)+(한 자리 수)의 계산 받아내림이 있는 (두 자리 수)-(한 자리 수)의 계산 세 수의 덧셈과 뺄셈 선분과 직선의 차이 이해 사각형, 삼각형, 원 등의 여러 가지 모양 쌓기나무로 똑같이 쌓아 보고 여러 가지 모양 만들기 배열 순서에 따라 규칙 찾아내기	받아올림이 있는 (두 자리 수)+(두 자리 수)의 계산 받아내림이 있는 (두 자리 수)-(두 자리 수)의 계산 여러 가지 방법으로 계산하고 세 수의 혼합 계산 길이 비교와 단위길이의 비교 길이의 단위(cm) 알기 길이 재기와 길이 어림하기 어떤 수를 □로 나타내기 덧셈식·뺄셈식에서 □의 값 구하기 어떤 수를 구하는 식 만들기 식에 알맞은 문제 만들기	시각 읽기 시각과 시간의 차이 알기 하루의 시간 알기 달력을 보며 1년 알기 몇 시 몇 분 전 알기 반 시간 알기 묶어 세기 몇 배 알아보기 더하기를 곱하기로 나타내기 덧셈식과 곱셈식으로 나타내기
F - ❹ 교재	**F - ❺ 교재**	**F - ❻ 교재**
2~9의 단 곱셈구구 익히기 1의 단 곱셈구구와 0의 곱 곱셈표에서 규칙 찾기 받아올림이 없는 세 자리 수의 덧셈 받아내림이 없는 세 자리 수의 뺄셈 여러 가지 방법으로 계산하기 미터(m)와 센티미터(cm) 길이 재기 길이 어림하기 길이의 합과 차	받아올림이 있는 세 자리 수의 덧셈 받아내림이 있는 세 자리 수의 뺄셈 여러 가지 방법으로 덧셈·뺄셈하기 세 수의 혼합 계산 똑같이 나누기 전체와 부분의 크기 분수의 쓰기와 읽기 분수만큼 색칠하고 분수로 나타내기 표와 그래프로 나타내기 조사하여 표와 그래프로 나타내기	□가 있는 곱셈식을 만들어 문제 해결하기 규칙을 찾아 문제 해결하기 거꾸로 생각하여 문제 해결하기

단계 교재 (G)

G - ❶ 교재	G - ❷ 교재	G - ❸ 교재
1000의 개념 알기 몇천, 네 자리 수 알기 수의 자릿값 알기 뛰어 세기, 두 수의 크기 비교 세 자리 수의 덧셈 덧셈의 여러 가지 방법 세 자리 수의 뺄셈 뺄셈의 여러 가지 방법 각과 직각의 이해 직각삼각형, 직사각형, 정사각형의 이해	똑같이 묶어 덜어 내기와 똑같게 나누기 나눗셈의 몫 곱셈과 나눗셈의 관계 나눗셈의 몫을 구하는 방법 나눗셈의 세로 형식 곱셈을 활용하여 나눗셈의 몫 구하기 평면도형 밀기, 뒤집기, 돌리기 평면도형 뒤집고 돌리기 (몇십)×(몇)의 계산 (두 자리 수)×(한 자리 수)의 계산	분수만큼 알기와 분수로 나타내기 몇 개인지 알기 분수의 크기 비교 mm 단위를 알기와 mm 단위까지 길이 재기 km 단위를 알기 km, m, cm, mm의 단위가 있는 길이의 합과 차 구하기 시각과 시간의 개념 알기 1초의 개념 알기 시간의 합과 차 구하기
G - ❹ 교재	**G - ❺ 교재**	**G - ❻ 교재**
(네 자리 수)+(세 자리 수) (네 자리 수)+(네 자리 수) (네 자리 수)−(세 자리 수) (네 자리 수)−(네 자리 수) 세 수의 덧셈과 뺄셈 (세 자리 수)×(한 자리 수) (몇십)×(몇십) / (두 자리 수)×(몇십) (두 자리 수)×(두 자리 수) 원의 중심과 반지름 / 그리기 / 지름 / 성질	(몇십)÷(몇) 내림이 없는 (몇십 몇)÷(몇) 나눗셈의 몫과 나머지 나눗셈식의 검산 / (몇십 몇)÷(몇) 들이 / 들이의 단위 들이의 어림하기와 합과 차 무게 / 무게의 단위 무게의 어림하기와 합과 차 0.1 / 소수 알아보기 소수의 크기 비교하기	막대그래프 막대그래프 그리기 그림그래프 그림그래프 그리기 알맞은 그래프로 나타내기 규칙을 정해 무늬 꾸미기 규칙을 찾아 문제 해결 표를 만들어서 문제 해결 예상과 확인으로 문제 해결

단계 교재 (H)

H - ❶ 교재	H - ❷ 교재	H - ❸ 교재
만 / 다섯 자리 수 / 십만, 백만, 천만 억 / 조 / 큰 수 뛰어 세기 두 수의 크기 비교 100, 1000, 10000, 몇백, 몇천의 곱 (세,네 자리 수)×(두 자리 수) 세 수의 곱셈 / 몇십으로 나누기 (두,세 자리 수)÷(두 자리 수) 각의 크기 / 각 그리기 / 각도의 합과 차 삼각형의 세 각의 크기의 합 사각형의 네 각의 크기의 합	이등변삼각형 / 이등변삼각형의 성질 정삼각형 / 예각과 둔각 예각삼각형 / 둔각삼각형 덧셈, 뺄셈 또는 곱셈, 나눗셈이 섞여 있는 혼합 계산 덧셈, 뺄셈, 곱셈, 나눗셈이 섞여 있는 혼합 계산 ( ), { }가 있는 혼합 계산 분수와 진분수 / 가분수와 대분수 대분수를 가분수로, 가분수를 대분수로 나타내기 분모가 같은 분수의 크기 비교	소수 소수 두 자리 수 소수 세 자리 수 소수 사이의 관계 소수의 크기 비교 규칙을 찾아 수로 나타내기 규칙을 찾아 글로 나타내기 새로운 무늬 만들기
H - ❹ 교재	**H - ❺ 교재**	**H - ❻ 교재**
분모가 같은 진분수의 덧셈 분모가 같은 대분수의 덧셈 분모가 같은 진분수의 뺄셈 분모가 같은 대분수의 뺄셈 분모가 같은 대분수와 진분수의 덧셈과 뺄셈 소수의 덧셈 / 소수의 뺄셈 수직과 수선 / 수선 긋기 평행선 / 평행선 긋기 평행선 사이의 거리	사다리꼴 / 평행사변형 / 마름모 직사각형과 정사각형의 성질 다각형과 정다각형 / 대각선 여러 가지 모양 만들기 여러 가지 모양으로 덮기 직사각형과 정사각형의 둘레 1cm² / 직사각형과 정사각형의 넓이 여러 가지 도형의 넓이 이상과 이하 / 초과와 미만 / 수의 범위 올림과 버림 / 반올림 / 어림의 활용	꺾은선그래프 꺾은선그래프 그리기 물결선을 사용한 꺾은선그래프 물결선을 사용한 꺾은선그래프 그리기 알맞은 그래프로 나타내기 꺾은선그래프의 활용 두 수 사이의 관계 두 수 사이의 관계를 식으로 나타내기 문제를 해결하고 풀이 과정을 설명하기

기탄교력수학 교재별 학습 내용

I 단계 교재

I - ❶ 교재	I - ❷ 교재	I - ❸ 교재
약수 / 배수 / 배수와 약수의 관계	세 분수의 덧셈과 뺄셈	평행사변형의 넓이
공약수와 최대공약수	(진분수)×(자연수) / (대분수)×(자연수)	삼각형의 넓이
공배수와 최소공배수	(자연수)×(진분수) / (자연수)×(대분수)	사다리꼴의 넓이
크기가 같은 분수 알기	(단위분수)×(단위분수)	마름모의 넓이
크기가 같은 분수 만들기	(진분수)×(진분수) / (대분수)×(대분수)	넓이의 단위 m², a
분수의 약분 / 분수의 통분	세 분수의 곱셈 / 합동인 도형의 성질	넓이의 단위 ha, km²
분수의 크기 비교 / 진분수의 덧셈	합동인 삼각형 그리기	넓이의 단위 관계
대분수의 덧셈 / 진분수의 뺄셈	면, 모서리, 꼭짓점	무게의 단위
대분수의 뺄셈 / 세 분수의 덧셈과 뺄셈	직육면체와 정육면체	
	직육면체의 성질 / 겨냥도 / 전개도	

I - ❹ 교재	I - ❺ 교재	I - ❻ 교재
분수와 소수의 관계	(소수)×(자연수) / (자연수)×(소수)	두 수의 크기 비교
분수를 소수로, 소수를 분수로 나타내기	곱의 소수점의 위치	비율
분수와 소수의 크기 비교	(소수)×(소수)	백분율
1÷(자연수)를 곱셈으로 나타내기	소수의 곱셈	할푼리
(자연수)÷(자연수)를 곱셈으로 나타내기	(소수)÷(자연수)	실제로 해 보기와 표 만들기
(진분수)÷(자연수) / (가분수)÷(자연수)	(자연수)÷(자연수)	그림 그리기와 식 만들기
(대분수)÷(자연수)	줄기와 잎 그림	예상하고 확인하기와 표 만들기
분수와 자연수의 혼합 계산	그림그래프	실제로 해 보기와 규칙 찾기
선대칭도형/선대칭의 위치에 있는 도형	평균	
점대칭도형/점대칭의 위치에 있는 도형	자료를 그래프로 나타내고 설명하기	

J 단계 교재

J - ❶ 교재	J - ❷ 교재	J - ❸ 교재
(자연수)÷(단위분수)	쌓기나무의 개수	비례식
분모가 같은 진분수끼리의 나눗셈	쌓기나무의 각 자리, 각 층별로 나누어	비의 성질
분모가 다른 진분수끼리의 나눗셈	개수 구하기	가장 작은 자연수의 비로 나타내기
(자연수)÷(진분수) / 대분수의 나눗셈	규칙 찾기	비례식의 성질
분수의 나눗셈 활용하기	쌓기나무로 만든 것, 여러 가지 입체도형,	비례식의 활용
소수의 나눗셈 / (자연수)÷(소수)	여러 가지 생활 속 건축물의 위, 앞, 옆	연비
소수의 나눗셈에서 나머지	에서 본 모양	두 비의 관계를 연비로 나타내기
반올림한 몫	원주와 원주율 / 원의 넓이	연비의 성질
입체도형과 각기둥 / 각뿔	띠그래프 알기 / 띠그래프 그리기	비례배분
각기둥의 전개도 / 각뿔의 전개도	원그래프 알기 / 원그래프 그리기	연비로 비례배분

J - ❹ 교재	J - ❺ 교재	J - ❻ 교재
(소수)÷(분수) / (분수)÷(소수)	원기둥의 겉넓이	두 수 사이의 대응 관계 / 정비례
분수와 소수의 혼합 계산	원기둥의 부피	정비례를 활용하여 생활 문제 해결하기
원기둥 / 원기둥의 전개도	경우의 수	반비례
원뿔	순서가 있는 경우의 수	반비례를 활용하여 생활 문제 해결하기
회전체 / 회전체의 단면	여러 가지 경우의 수	그림을 그리거나 식을 세워 문제 해결하기
직육면체와 정육면체의 겉넓이	확률	거꾸로 생각하거나 식을 세워 문제 해결하기
부피의 비교 / 부피의 단위	미지수를 x로 나타내기	표를 작성하거나 예상과 확인을 통하여
직육면체와 정육면체의 부피	등식 알기 / 방정식 알기	문제 해결하기
부피의 큰 단위	등식의 성질을 이용하여 방정식 풀기	여러 가지 방법으로 문제 해결하기
부피와 들이 사이의 관계	방정식의 활용	새로운 문제를 만들어 풀어 보기

사고력도 탄탄! 창의력도 탄탄!

G6

G301a ~ G315b

학습 관리표

학습 내용		이번 주는?
자료 정리	· 막대그래프 · 막대그래프 그리기 · 그림그래프 · 그림그래프 그리기 · 알맞은 그래프로 나타내기 · 창의력 학습 · 경시대회 예상문제	• 학습 방법 : ① 매일매일 　② 가끔 　③ 한꺼번에 　　　하였습니다. • 학습 태도 : ① 스스로 잘 　② 시켜서 억지로 　　　하였습니다. • 학습 흥미 : ① 재미있게 　② 싫증내며 　　　하였습니다. • 교재 내용 : ① 적합하다고 ② 어렵다고 ③ 쉽다고 　　　하였습니다.

지도 교사가 부모님께	부모님이 지도 교사께

평가	Ⓐ 아주 잘함	Ⓑ 잘함	Ⓒ 보통	Ⓓ 부족함

원(교)　　　반　이름　　　전화

기초부터 탄탄하게
G 기탄교육
www.gitan.co.kr / (02)586-1007(대)

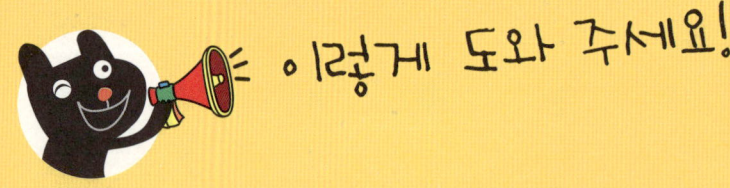

이렇게 도와 주세요!

● **학습 목표**
  - 표와 막대그래프가 가지는 특성을 알고, 막대그래프로 그릴 수 있습니다.
  - 주어진 자료를 분류, 정리하여 막대그래프로 나타내고, 해석할 수 있습니다.
  - 그림그래프의 특징을 알고, 그림그래프로 나타낸 후에 해석할 수 있습니다.
  - 동일한 자료를 각각 막대그래프와 그림그래프로 나타내고, 서로 비교하여 설명할 수 있습니다.
  - 막대그래프와 그림그래프의 차이를 알고, 자료의 특징에 알맞은 그래프로 나타낼 수 있습니다.

● **지도 내용**
  - 조사한 자료를 표로 만들고, 만들어진 표에 나타난 수량을 막대의 길이로 나타내게 하고, 막대그래프가 나타내는 전체적인 특징을 알아봅니다.
  - 막대그래프의 가로와 세로, 눈금 한 칸의 크기 등 기본 요소를 찾아보게 하고 표로 나타낸 자료를 순서에 따라 막대그래프로 그려 보게 한 후 막대그래프에서 통계적인 사실을 읽어 보게 합니다.
  - 만든 표를 보고, 주어진 그림의 모양으로 수량을 나타내어 그림그래프를 완성해 보게 합니다.
  - 완성한 그림그래프를 보고, 통계적인 사실을 찾아보게 합니다.
  - 주어진 자료의 특징에 따라 막대그래프나 그림그래프로 나타내게 하고, 완성된 그래프에서 간단한 통계적 사실을 알아보게 합니다.

● **지도 요점**
학생들의 생활과 밀접한 실제적인 자료들을 정리하여 자료의 특성에 따라 간단한 막대그래프나 그림그래프로 나타내고 여러 가지 통계적 사실을 찾을 수 있도록 지도합니다.

◆ **막대그래프(1)** ◆

조사한 수를 막대로 나타낸 그래프를 막대그래프라고 합니다.

🐸 학생들이 좋아하는 색깔을 조사하여 나타낸 것입니다. 물음에 답하시오.

[1~3]

1 조사한 것을 보고 표를 완성하시오.

좋아하는 색깔별 학생 수

색깔	파랑	노랑	빨강	초록	보라	합계
학생 수(명)	4	3			2	15

2 1의 표를 보고 막대그래프로 나타내시오.

좋아하는 색깔별 학생 수

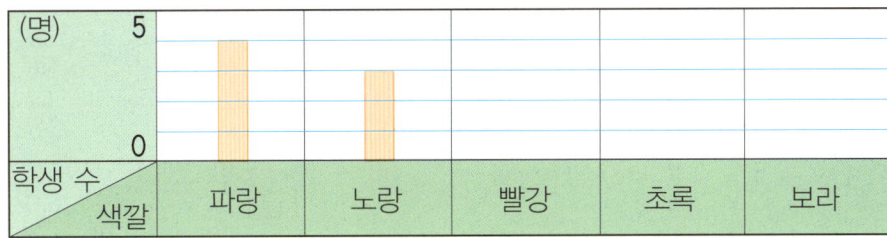

3 학생들이 어떤 색깔을 더 좋아하는지 한눈에 비교할 때 표와 막대그래프 중에서 어느 것이 더 편리합니까?

[답]

사고력 학습

주희네 반 학생들이 좋아하는 과일을 조사하여 막대그래프로 나타낸 것입니다. 물음에 답하시오. [4~7]

좋아하는 과일별 학생 수

(명)	사과	배	귤	포도	복숭아

4 가로와 세로에는 각각 무엇을 나타내었습니까?

(가로) _____ , (세로) _____

5 귤을 좋아하는 학생은 몇 명입니까?

[답]

6 포도를 좋아하는 학생은 몇 명입니까?

[답]

7 조사한 학생은 모두 몇 명입니까?

[답]

G-302a

★ 이름 :

★ 날짜 :

★ 시간 :   시   분 ~   시   분

확인

◆ **막대그래프**(2) ◆

🐸 현주가 가지고 있는 책의 종류를 조사하여 막대그래프로 나타낸 것입니다. 물음에 답하시오. [1~4]

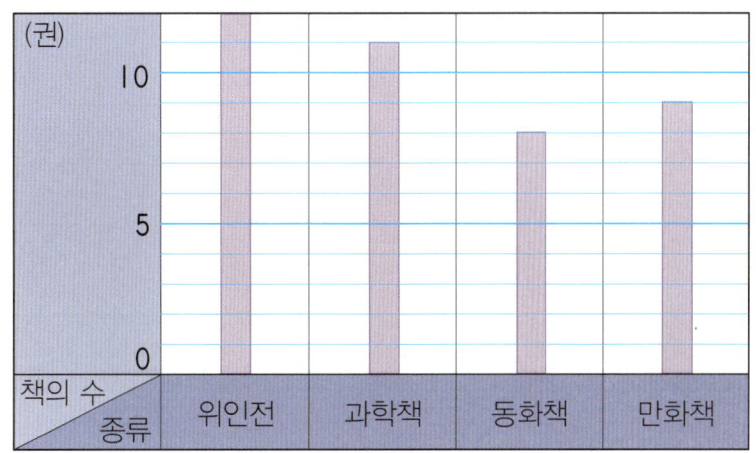

1 막대그래프를 보고 표를 완성하시오.

종류별 책의 수

종류	위인전	과학책	동화책	만화책	합계
책의 수(권)					

2 가장 많이 있는 책은 무엇입니까?

[답]

3 가장 적게 있는 책은 무엇입니까?

[답]

4 책의 수가 많은 책부터 차례대로 쓰시오.

[답]

사고력 학습

호영이네 반 학생들이 좋아하는 운동을 조사하여 막대그래프로 나타낸 것입니다. 물음에 답하시오. [5~7]

좋아하는 운동별 학생 수

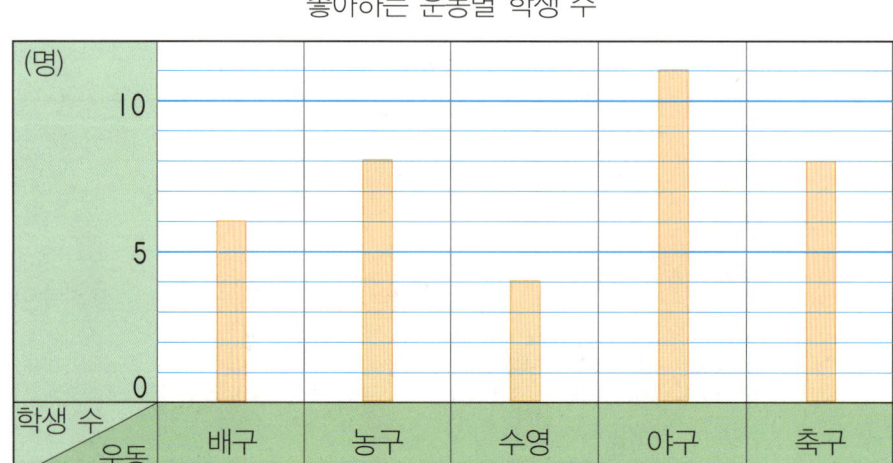

5 조사한 학생은 모두 몇 명입니까?

[답]

6 농구를 좋아하는 학생 수와 같은 수의 학생이 좋아하는 운동은 무엇입니까?

[답]

7 가장 많이 좋아하는 운동의 학생 수는 가장 적게 좋아하는 운동의 학생 수보다 몇 명 더 많습니까?

[답]

 사고력 학습

G-303a

★ 이름 :

★ 날짜 :

★ 시간 :   시   분 ~   시   분

확인

◆ **막대그래프**(3) ◆

정아네 반 학생들이 키우고 싶어하는 애완동물을 조사하여 막대그래프로 나타낸 것입니다. 물음에 답하시오. [1~4]

애완동물별 학생 수

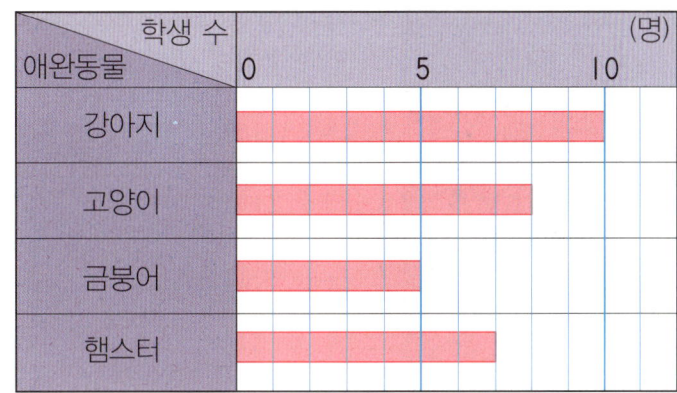

1 가로와 세로에는 각각 무엇을 나타내었습니까?

(가로) _____ , (세로) _____

2 가장 많은 학생들이 키우고 싶어하는 애완동물은 무엇입니까?

[답] _____

3 가장 적은 학생들이 키우고 싶어하는 애완동물은 무엇입니까?

[답] _____

4 조사한 학생은 모두 몇 명입니까?

[답] _____

사고력 학습

🐸 주아네 모둠 학생들이 한 달 동안 읽은 책의 수를 조사하여 막대그래프로 나타낸 것입니다. 물음에 답하시오. [5~8]

학생별 읽은 책의 수

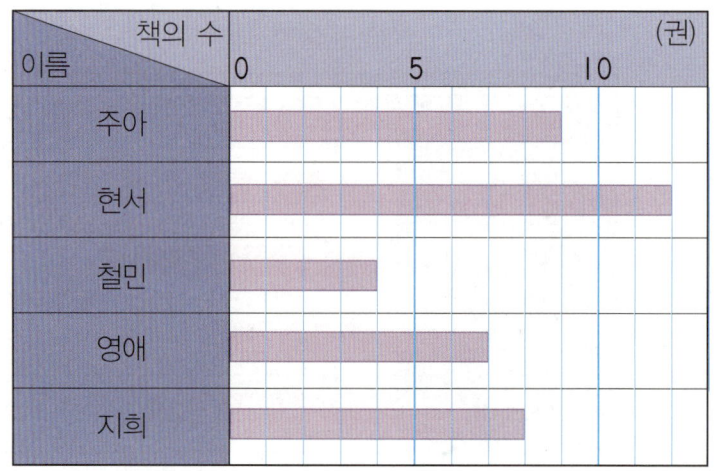

5 책을 많이 읽은 학생부터 차례대로 이름을 쓰시오.

[답]

6 주아네 모둠 학생들이 한 달 동안 읽은 책은 모두 몇 권입니까?

[답]

7 주아는 영애보다 책을 몇 권 더 많이 읽었습니까?

[답]

8 지희보다 책을 더 많이 읽은 학생의 이름을 모두 쓰시오.

[답]

 사고력 학습

♣ 이름 :

♣ 날짜 :

♣ 시간 :　　시　　분 ～　　시　　분

확인

◆ **막대그래프 그리기(1)** ◆

- 가로와 세로 중에서 조사한 수를 어느 쪽에 나타낼 것인지 정합니다.
- 조사한 수 중에서 가장 큰 수까지 나타낼 수 있도록 눈금 한 칸의 크기를 정한 후 눈금의 수를 정합니다.
- 조사한 수에 맞도록 막대를 그립니다.
- 그린 막대그래프에 알맞은 제목을 붙입니다.

🐸 성윤이와 친구들이 좋아하는 꽃을 조사하여 표로 나타낸 것입니다. 물음에 답하시오. [1~2]

좋아하는 꽃별 학생 수

꽃	장미	튤립	진달래	개나리	백합	합계
학생 수(명)	5	4	2	1	3	15

1 표를 보고 막대그래프를 그려 보시오.

좋아하는 꽃별 학생 수

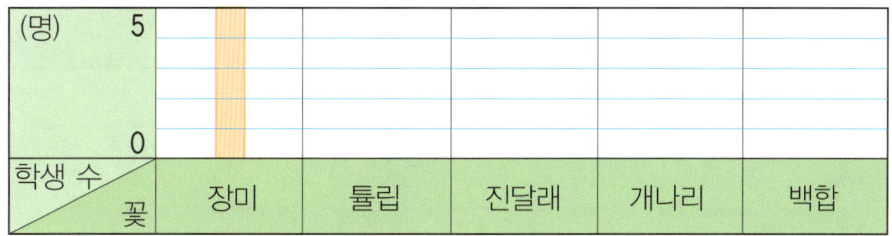

2 막대그래프에서 가로와 세로는 각각 무엇을 나타내고 있습니까?

(가로) _____ , (세로) _____

사고력 학습

🐸 미화네 반 학생들이 좋아하는 과목을 조사하여 표로 나타낸 것입니다. 물음에 답하시오. [3~6]

좋아하는 과목별 학생 수

과목	국어	수학	사회	과학	영어	합계
학생 수(명)	9	7	5	4	8	

3 학생 수를 나타내는 칸은 적어도 몇 칸을 나타내야 합니까?

[답] _____

4 표를 보고 막대그래프를 그려 보시오.

좋아하는 과목별 학생 수

5 막대그래프에서 세로 눈금 한 칸은 몇 명을 나타냅니까?

[답] _____

6 모두 몇 명의 학생을 조사한 것입니까?

[답] _____

◆ 막대그래프 그리기(2) ◆

🐸 수형이가 5일 동안 윗몸일으키기 한 횟수를 조사하여 표로 나타낸 것입니다. 물음에 답하시오. [1~3]

윗몸일으키기 한 횟수

요일	월	화	수	목	금	합계
횟수(개)	18	23	20	25	28	114

1 표를 보고 막대그래프를 그려 보시오.

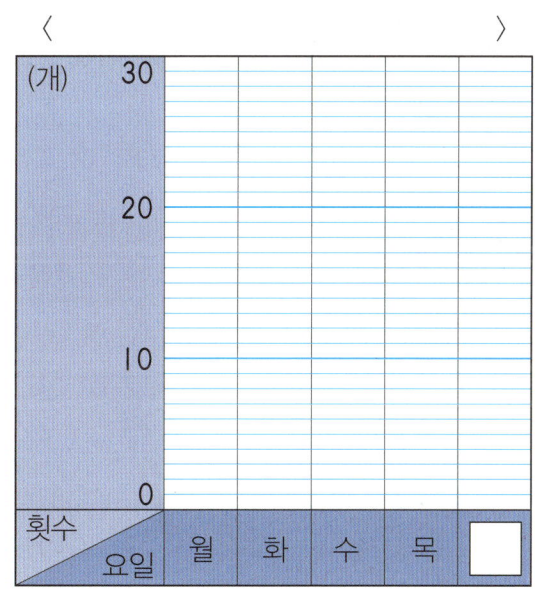

2 윗몸일으키기를 가장 많이 한 요일은 무슨 요일입니까?

[답]

3 윗몸일으키기를 가장 적게 한 요일은 무슨 요일입니까?

[답]

초록 마을에서 기르고 있는 가축의 수를 조사하여 표로 나타낸 것입니다. 물음에 답하시오. [4~6]

기르고 있는 가축의 수

가축	닭	소	개	돼지	합계
가축의 수(마리)	25	18	21	15	79

4 표를 보고 막대그래프를 그려 보시오.

기르고 있는 가축의 수

가축＼가축의 수	0　5　10　15　20　25　30 (마리)
닭	
소	
개	
돼지	

5 막대그래프에서 가로와 세로는 각각 무엇을 나타내고 있습니까?

(가로) _____ , (세로) _____

6 가장 많이 기르고 있는 가축은 무엇입니까?

[답]

 사고력 학습

★ 이름 :

★ 날짜 :

★ 시간 :   시   분 ~   시   분

◆ 그림그래프(1) ◆

조사한 수를 그림으로 나타낸 그래프를 그림그래프라고 합니다.

마을별 학생 수를 조사하여 표로 나타낸 것입니다. 물음에 답하시오. [1~3]

마을별 학생 수

마을	무지개	흰구름	찬우물	아름	합계
학생 수(명)	56	17	32	40	145

1 표를 보고 그림그래프를 완성하시오.

마을별 학생 수

마을	학생 수
무지개	☺☺☺☺☺ ☺☺☺☺☺☺
흰구름	☺ ☺☺☺☺☺☺
찬우물	☺☺☺ ☺☺
아름	

☺ 10명
☺ 1명

2 그림 ☺은 몇 명을 나타냅니까?

[답]

3 그림 ☺은 몇 명을 나타냅니까?

[답]

🐸 알찬 과수원에서 수확한 과일 생산량을 조사하여 그림그래프로 나타낸 것입니다. 물음에 답하시오. [4~6]

과일 생산량

과일	생산량
사과	🎁🎁🎁🎁🎁🎁🎁🎁
배	🎁🎁🎁
복숭아	🎁🎁🎁🎁🎁
자두	🎁🎁🎁🎁🎁🎁🎁🎁🎁🎁🎁🎁

🎁 100상자
🎁 10상자

4 그림 🎁 은 몇 상자를 나타냅니까?

[답]

5 그림 🎁 은 몇 상자를 나타냅니까?

[답]

6 알찬 과수원의 과일 생산량은 모두 몇 상자입니까?

[답]

◆ **그림그래프**(2) ◆

주연이네 학교 3학년 각 반별로 모은 폐품의 무게를 조사하여 그림그래프로 나타낸 것입니다. 물음에 답하시오. [1~4]

반별로 모은 폐품의 무게

반	무게
1	
2	
3	
4	

10kg
1kg

1 그림그래프를 보고 표를 완성하시오.

반별로 모은 폐품의 무게

반	1	2	3	4	합계
무게(kg)					

2 폐품을 가장 많이 모은 반은 어느 반입니까?

[답]

3 폐품을 가장 적게 모은 반은 어느 반입니까?

[답]

4 1반은 2반보다 폐품을 몇 kg 더 많이 모았습니까?

[답]

🐸 희영이네 동네에 있는 스포츠센터별 등록된 회원 수를 조사하여 그림그래프로 나타낸 것입니다. 물음에 답하시오. [5~7]

스포츠센터별 등록된 회원 수

스포츠센터	회원 수
가람	😊 😊 🙂 🙂 🙂
튼튼	😊 🙂 🙂 🙂 🙂 🙂 🙂 🙂
우람	😊 😊 😊 🙂 🙂
환희	😊 😊 😊 😊 🙂 🙂 🙂 🙂 🙂 🙂

😊 100명
🙂 10명

5 회원 수가 많은 스포츠센터부터 차례대로 쓰시오.

[답]

6 회원 수가 가장 많은 스포츠센터와 가장 적은 스포츠센터의 회원 수의 차는 몇 명입니까?

[답]

7 회원 수가 가람스포츠센터의 2배인 스포츠센터는 어디입니까?

[답]

★ 이름 :

★ 날짜 :

★ 시간 :　　시　분～　시　분

확인

◆ **그림그래프 그리기(1)** ◆

- 그림을 몇 가지로 나타낼 것인지 정합니다.
- 어떤 그림으로 나타낼 것인지 정합니다.
- 조사한 수에 맞도록 그림을 그립니다.
- 그린 그림그래프에 알맞은 제목을 붙입니다.

원희네 학교 3학년 학생의 태어난 계절을 조사하여 표로 나타낸 것입니다. 물음에 답하시오. [1～2]

태어난 계절별 학생 수

계절	봄	여름	가을	겨울	합계
학생 수(명)	34	32	47	42	155

1 태어난 계절별 학생 수가 두 자리 수로 되어 있는데 그림그래프로 나타낼 때 그림을 몇 가지로 나타내는 것이 좋습니까?

[답]

2 표를 보고 그림그래프를 그려 보시오.

태어난 계절별 학생 수

계절	학생 수
봄	😊 😊 😊 😊 😊 😊 😊
여름	
가을	
겨울	

😊 10명
😊 1명

사고력 학습

🐸 아파트 동별 자동차 수를 조사하여 표로 나타낸 것입니다. 물음에 답하시오.
[3~5]

아파트 동별 자동차 수

동	가	나	다	라	마	합계
자동차 수(대)	29	31	25	27	33	

3 표를 보고 그림그래프를 그려 보시오.

아파트 동별 자동차 수

동	자동차 수
가	
나	
다	
라	
마	

🚗 10대
🚗 1대

4 아파트 동별 자동차는 모두 몇 대입니까?

[답]

5 자동차가 가장 많은 동은 어느 동입니까?

[답]

✿ 이름 :

✿ 날짜 :

✿ 시간 :　　시　분～　시　분

확인 ☆

◆ **그림그래프 그리기(2)** ◆

🐸 마을별 심은 나무 수를 조사하여 표로 나타낸 것입니다. 물음에 답하시오.
[1～3]

마을별 심은 나무 수

마을	상상	꿈	상큼	햇살	둥근	합계
나무 수(그루)	130	110	210	180		830

1 표를 보고 그림그래프를 그려 보시오.

마을별 심은 나무 수

마을	나무 수
상상	
꿈	
상큼	
햇살	
둥근	

🌳 100그루
🌱 10그루

2 둥근 마을에서 심은 나무는 몇 그루입니까?

[답]

3 나무를 많이 심은 마을부터 차례대로 쓰시오.

[답]

사고력 학습

🐸 지윤이네 동네의 가게에서 일주일 동안 팔린 아이스크림 수를 조사하여 표로 나타낸 것입니다. 물음에 답하시오. [4~6]

가게별 팔린 아이스크림 수

가게	일등	최고	알찬	통통	탄탄	합계
아이스크림 수(개)	100	120	110	130	100	560

4 표를 보고 그림그래프를 그려 보시오.

가게별 팔린 아이스크림 수

가게	아이스크림 수
일등	
최고	
알찬	
통통	
탄탄	

🍦 100개
🍦 10개

5 아이스크림을 가장 많이 판 가게는 어디입니까?

[답]

6 최고 가게보다 아이스크림을 더 적게 판 가게를 모두 쓰시오.

[답]

✿ 이름 :

✿ 날짜 :

✿ 시간 :   시   분 ~   시   분

확인

◆ **알맞은 그래프로 나타내기(1)** ◆

🐸 현정이네 반 학생들이 좋아하는 동물을 조사하여 표로 나타낸 것입니다. 물음에 답하시오. [1~2]

좋아하는 동물별 학생 수

동물	개	고양이	토끼	호랑이	원숭이	합계
학생 수(명)	12	7	8	4	5	36

1 좋아하는 동물별 학생 수를 한눈에 비교하기 쉬운 것은 표와 막대그래프 중에서 어느 것입니까?

[답]

2 표를 보고 막대그래프를 그려 보시오.

좋아하는 동물별 학생 수

(명)					
10					
5					
0					
학생 수 / 동물	개	고양이	토끼	호랑이	원숭이

과수원별 배 생산량을 조사하여 표로 나타낸 것입니다. 물음에 답하시오.

[3~4]

과수원별 배 생산량

과수원	신선	새콤	초록	넝쿨	샘물	합계
생산량(상자)	240	180	370	210	300	1300

3 실물 모양의 그림으로 나타내어 의미를 쉽게 알 수 있는 것은 막대그래프
와 그림그래프 중에서 어느 것입니까?

[답]

4 표를 보고 그림그래프를 그려 보시오.

과수원별 배 생산량

과수원	생산량
신선	
새콤	
초록	
넝쿨	
샘물	

 100상자

 10상자

 사고력 학습

G-311a

★ 이름 :

★ 날짜 :

★ 시간 :   시   분 ~   시   분

확인

◆ **알맞은 그래프로 나타내기(2)** ◆

바자회를 하기 위하여 마을별로 모은 옷의 수를 조사하여 표로 나타낸 것입니다. 물음에 답하시오. [1~3]

마을별로 모은 옷의 수

마을	구름	미소	양지	궁전	행복	합계
옷의 수(벌)	120	170	70	130	80	570

1 표를 보고 막대그래프를 그려 보시오.

마을별로 모은 옷의 수

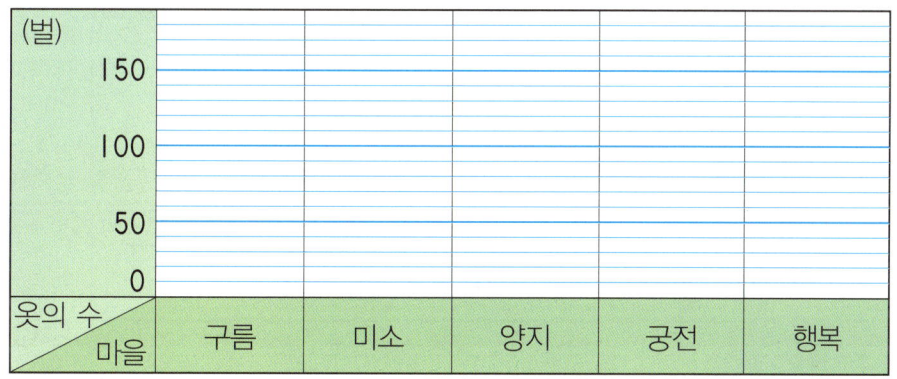

2 옷의 수가 미소 마을에서 모은 옷의 수의 반쯤 되는 마을은 어디입니까?

[답]

3 옷의 수가 양지 마을에서 모은 옷의 수의 2배쯤 되는 마을은 어디입니까?

[답]

사고력 학습

🐸 지수네 학교 3학년 각 반별 안경을 쓴 학생 수를 조사하여 표로 나타낸 것입니다. 물음에 답하시오. [4~6]

반별 안경을 쓴 학생 수

반	1	2	3	4	5	합계
학생 수(명)	15	11	13	5	8	52

4 표를 보고 그림그래프를 그려 보시오.

반별 안경을 쓴 학생 수

반	학생 수
1	
2	
3	
4	
5	

👓 10명
👓 1명

5 안경을 쓴 학생 수가 2반의 안경을 쓴 학생 수의 반쯤 되는 반은 어느 반입니까?

[답]

6 안경을 쓴 학생 수가 5반의 안경을 쓴 학생 수의 2배쯤 되는 반은 어느 반입니까?

[답]

사고력 학습

★ 이름 :

★ 날짜 :

★ 시간 :   시   분 ~   시   분

확인

◆ **알맞은 그래프로 나타내기(3)** ◆

지수네 학교 3학년 학생들의 혈액형을 조사하여 표로 나타낸 것입니다. 물음에 답하시오. [1~2]

혈액형별 학생 수

혈액형	A	B	O	AB	합계
학생 수(명)	45	40	55	35	175

1 표를 보고 막대그래프를 그려 보시오.

혈액형별 학생 수

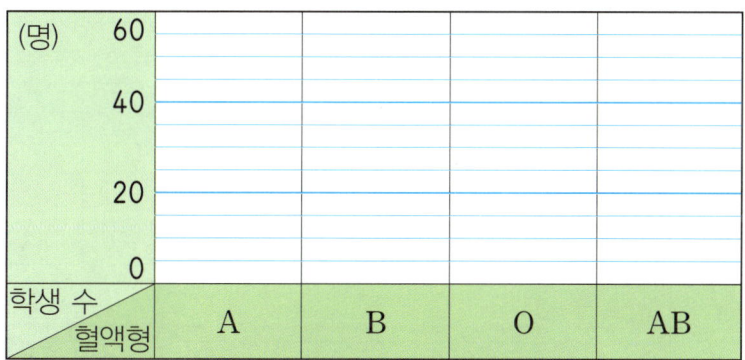

2 표를 보고 그림그래프를 그려 보시오.

혈액형별 학생 수

혈액형	학생 수
A	
B	
O	
AB	

☺ 10명
☺ 1명

사고력 학습

규진이네 마을 채소 가게에서 한 달 동안 팔린 배추의 수를 조사하여 표로 나타낸 것입니다. 물음에 답하시오. [3~4]

배추 판매량

채소 가게	알뜰	가득	듬뿍	행복	합계
배추의 수(포기)	120	200	240	160	720

3 표를 보고 막대그래프를 그려 보시오.

배추 판매량

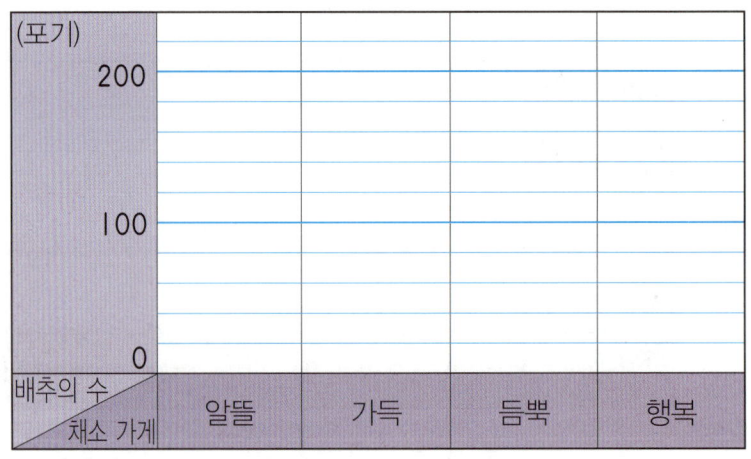

4 표를 보고 그림그래프를 그려 보시오.

배추 판매량

채소 가게	배추의 수
알뜰	
가득	
듬뿍	
행복	

◎ 100포기
○ 10포기

✿ 이름 :

✿ 날짜 :

✿ 시간 :   시   분 ~   시   분

확인

 창의력 학습

석호가 일주일 동안 TV 시청을 시작한 시각과 마친 시각을 나타낸 것입니다.
시청 시간을 표에 써넣고 막대그래프로 나타내시오.

TV 시청 시간

요일	시작 시각 ~ 마친 시각	시청 시간	
월	4시 30분 ~ 5시 30분	시간	분
화	6시 10분 ~ 7시 40분	시간	분
수	5시 40분 ~ 6시 10분	시간	분
목	7시 20분 ~ 8시 20분	시간	분
금	4시 50분 ~ 6시 50분	시간	분
토	12시 20분 ~ 3시 20분	시간	분
일	10시 10분 ~ 12시 40분	시간	분

TV 시청 시간

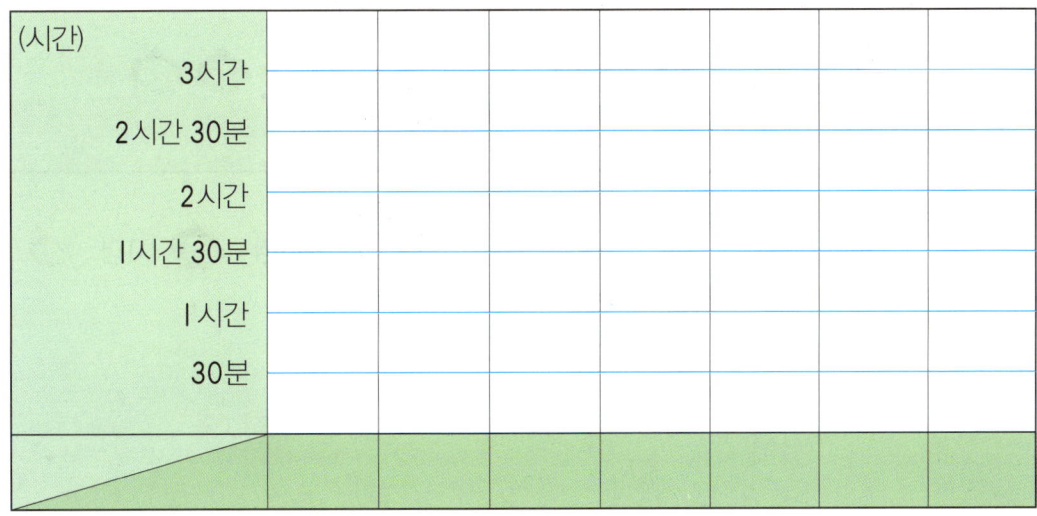

G-313b

원희는 친구들이 많이 사는 동으로 이사를 가고 싶습니다. 어느 동으로 이사 가고 싶은지 알아보시오.

동별 학생 수

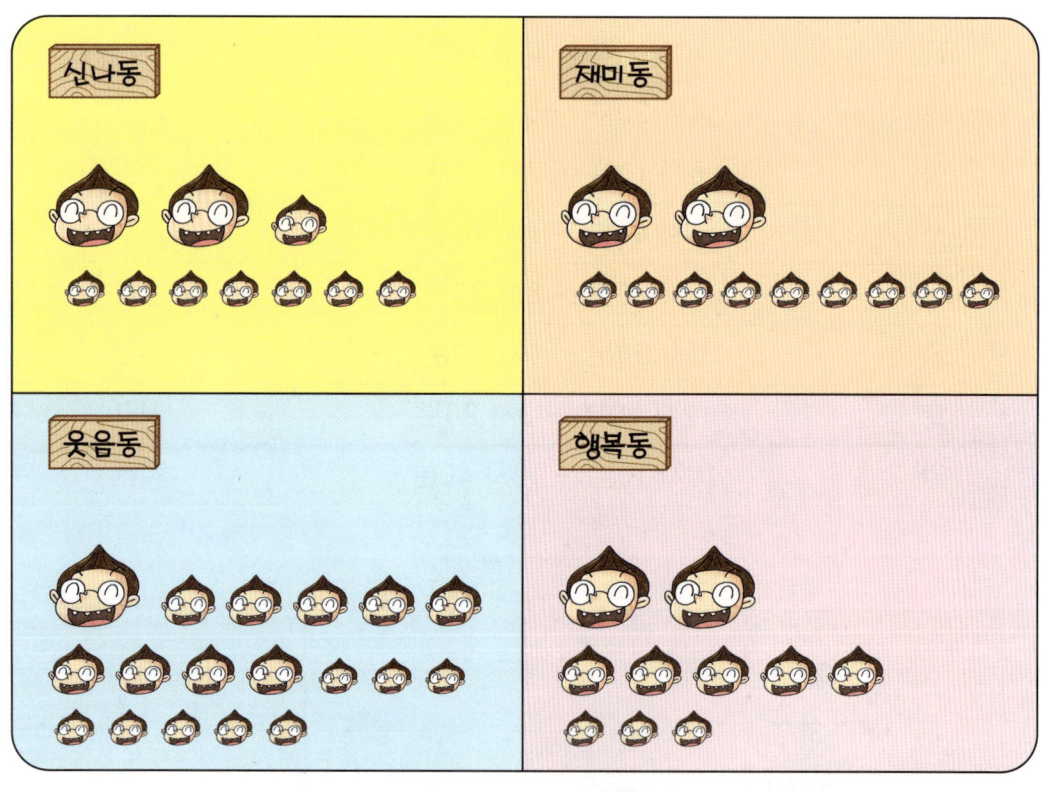

[답] _____

✿ 이름 :

✿ 날짜 :

✿ 시간 :   시   분 ~   시   분

확인

➕ 경시대회 예상문제

 정수네 학교 학생 100명이 좋아하는 과목을 조사하여 막대그래프로 나타낸 것입니다. 물음에 답하시오. [1~3]

좋아하는 과목

🐓 서술형·논술형

1 미술을 좋아하는 학생은 몇 명인지 풀이 과정을 쓰고 답을 구하시오.

_____

_____

[답]

2 음악을 좋아하는 학생 수보다 적은 과목을 모두 쓰시오.

[답]

3 학생 수가 가장 많은 과목과 가장 적은 과목의 차는 몇 명입니까?

[답]

훈창이네 마을의 농장별 고구마 생산량을 조사하여 그림그래프로 나타낸 것입니다. 가 농장은 다 농장의 고구마 생산량과 같고 훈창이네 마을의 고구마 생산량은 900kg입니다. 물음에 답하시오. [4~6]

고구마 생산량

농장	생산량
가	
나	○ ○ ˙ ˙ ˙ ˙ ˙
다	
라	○ ˙ ˙ ˙ ˙ ˙ ˙ ˙ ˙ ˙

○ 100kg
˙ 10kg

서술형·논술형

4 그림그래프를 완성하려고 합니다. 풀이 과정을 쓰고 그림그래프를 완성하시오.

[답]

5 생산량이 가장 많은 농장은 어느 농장입니까?

[답]

6 다 농장의 생산량과 라 농장의 생산량의 차는 몇 kg입니까?

[답]

7 다음은 영철이네 학교 수학경시대회에서 학년별 상을 받은 학생 수를 조사하여 표와 그래프로 나타낸 것입니다. 주어진 표와 그래프를 완성하시오.

학년별 상을 받은 학생 수

학년	남학생 수(명)	여학생 수(명)	합계
1	6	5	
2		6	13
3	11	5	
4	3		8
5	1		4
6		2	2
합계			

학년별 상을 받은 학생 수

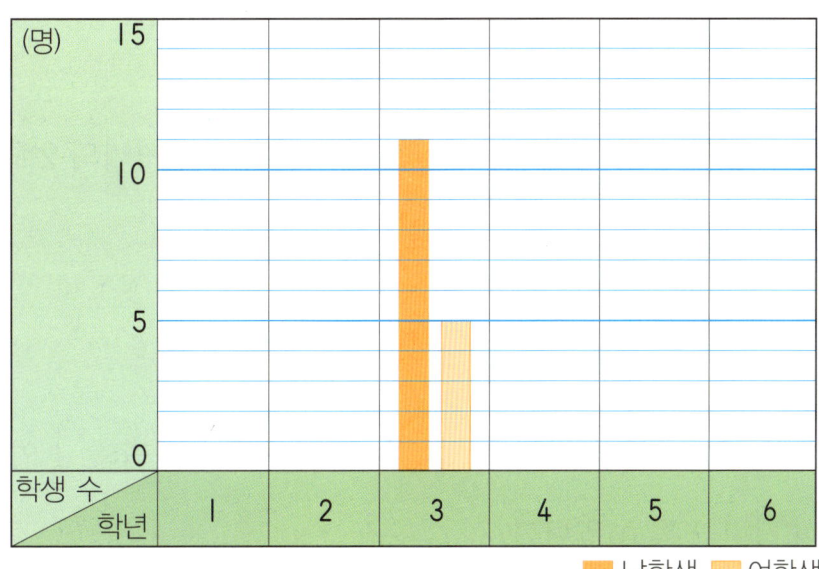

🐸 다음은 지수네 집에서 시청, 학교, 터미널, 병원, 공원까지의 거리를 막대그래프로 나타낸 것입니다. 물음에 답하시오. [8~10]

지수네 집에서 각 장소까지의 거리

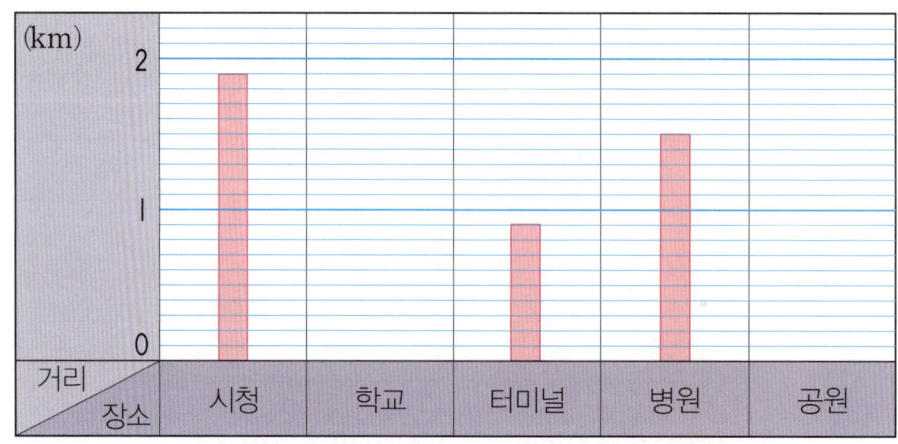

8 눈금 한 칸의 크기는 몇 m입니까?

[답] _____

9 집에서 공원까지의 거리는 집에서 터미널까지의 거리의 2배입니다. 공원까지의 거리는 몇 km 몇 m입니까?

[답] _____

10 집에서 학교까지의 거리는 집에서 병원까지의 거리의 $\frac{1}{3}$입니다. 학교까지의 거리는 몇 m입니까?

[답] _____

사고력도 탄탄! 창의력도 탄탄!

기탄고려수학

G6

G316a ~ G330b

학습 관리표

학습 내용		이번 주는?
규칙 찾기와 문제 해결	· 규칙을 정해 무늬 꾸미기 · 규칙을 찾아 문제 해결 · 표를 만들어서 문제 해결 · 예상과 확인으로 문제 해결 · 창의력 학습 · 경시대회 예상문제	• 학습 방법 : ① 매일매일 ② 가끔 ③ 한꺼번에 　　　　　 하였습니다. • 학습 태도 : ① 스스로 잘 ② 시켜서 억지로 　　　　　 하였습니다. • 학습 흥미 : ① 재미있게 ② 싫증내며 　　　　　 하였습니다. • 교재 내용 : ① 적합하다고 ② 어렵다고 ③ 쉽다고 　　　　　 하였습니다.

지도 교사가 부모님께	부모님이 지도 교사께

평가	Ⓐ 아주 잘함	Ⓑ 잘함	Ⓒ 보통	Ⓓ 부족함

원(교)　　　　　반　　이름　　　　　전화

기초부터 탄탄하게
G 기탄교육
www.gitan.co.kr / (02)586-1007(대)

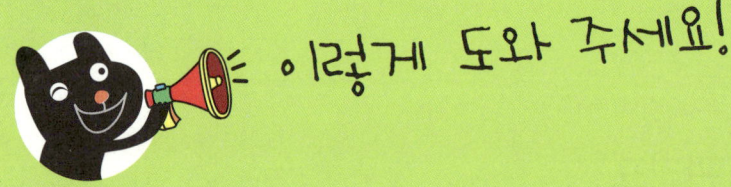

이렇게 도와 주세요!

● **학습 목표**
– 기본 도형을 사용해 무늬를 꾸밀 수 있습니다.
– 규칙을 정해 무늬를 꾸밀 수 있습니다.
– 규칙에 따라 주어진 문제를 해결할 수 있습니다.
– 표를 만들어 문제를 해결할 수 있습니다.
– 예상과 확인으로 문제를 해결할 수 있습니다.

● **지도 내용**
– 생활 속 장면에서 기본 도형을 찾을 수 있게 하고 기본 도형을 사용하여 무늬를 꾸
  며 봅니다.
– 다양한 방법으로 규칙을 정해 무늬를 꾸미게 합니다.
– 달력에 나타난 규칙을 찾아 문제를 해결하게 하고 생활 속 장면에서 나타날 수 있
  는 규칙을 찾고, 문제를 해결하게 합니다.
– 주어진 문제 상황에서 표를 만들어 규칙을 찾고, 찾은 규칙으로 문제를 해결하게
  합니다.
– 조건에 맞게 예상하게 하고 예상한 수를 확인하여 문제를 해결하게 합니다.

● **지도 요점**
기본 도형을 사용해 규칙을 정한 후 자신만의 무늬를 꾸며 보게 함으로써 패턴의 아
름다움을 느낄 수 있게 하며, 생활 속 장면에서도 그와 같은 패턴이 있다는 것을 인식
하게 합니다. 또한 주어진 문제를 해결하는데 좀 더 효율적인 방법 즉, 규칙 찾기, 표
만들기, 예상과 확인하기가 있으며 이들 3가지 방법을 이용할 수 있도록 하고 이들
모두 규칙성을 바탕으로 그 유용성을 강조하여 지도합니다.

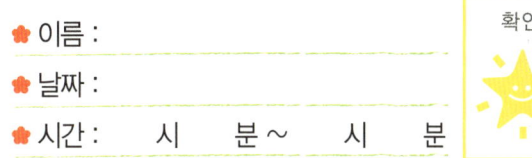

★ 이름 :

★ 날짜 :

★ 시간 :   시   분 ~   시   분

확인

◆ 규칙을 정해 무늬 꾸미기(1) ◆

기본 도형을 사용하여 오른쪽과 같은 무늬를 꾸몄습니다. 물음에 답하시오.
[1~2]

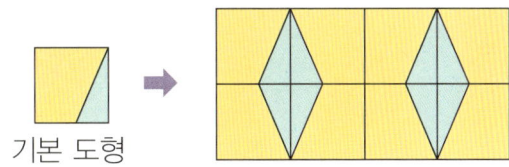

기본 도형

1 기본 도형을 어떤 규칙으로 붙였습니까?

[답]

2 기본 도형으로 규칙을 정하여 무늬를 꾸며 보시오.

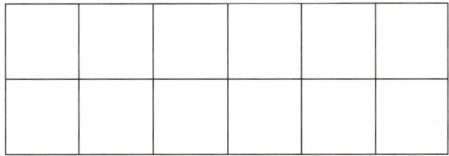

3 다음 무늬는 어떤 기본 도형을 사용하여 만든 것인지 그려 보시오.

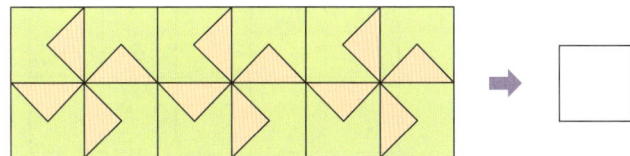

🐸 기본 도형으로 규칙을 정하여 무늬를 꾸며 보시오. [4~5]

4

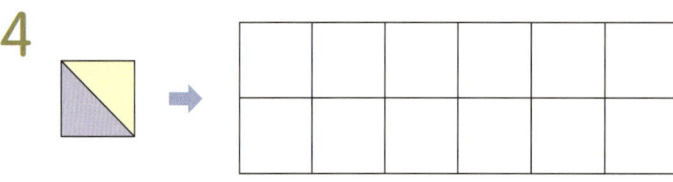

5

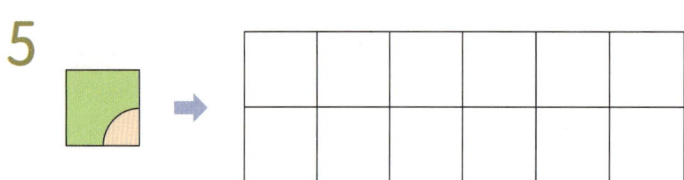

6 조각 타일 2장으로 만든 기본 도형을 사용하여 무늬를 꾸며 보시오.

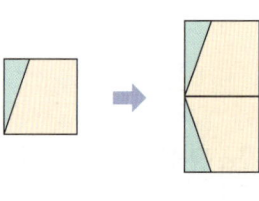

✿ 이름 :

✿ 날짜 :

✿ 시간 :　　시　　분 ～　　시　　분

확인

◆ **규칙을 정해 무늬 꾸미기(2)** ◆

1 색연필로 다른 규칙을 정해 무늬를 꾸며 보시오.

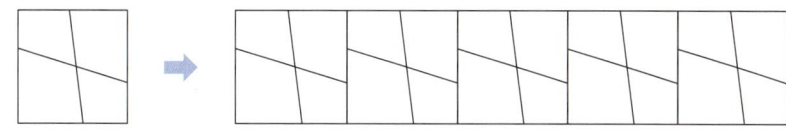

😊 규칙을 정해 무늬를 꾸며 보시오. [2~3]

2

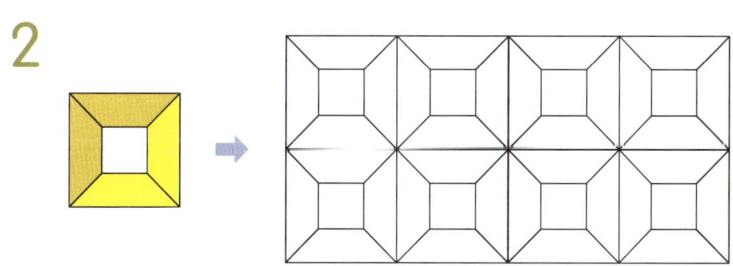

3

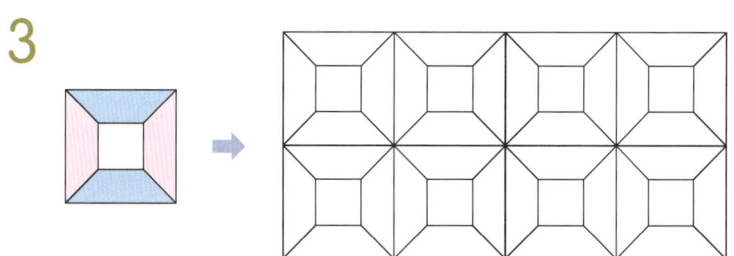

4 기본 도형을 배열하여 무늬를 꾸며 보시오.

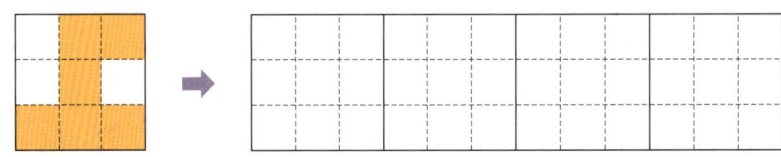

5 한 가지 색을 사용하여 기본 도형을 만들어 무늬를 꾸며 보시오.

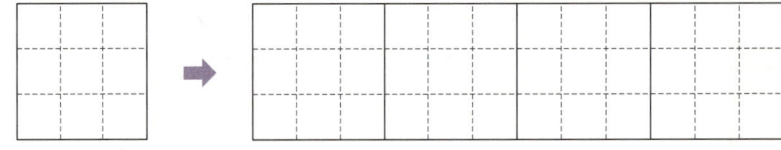

6 두 가지 색을 사용하여 기본 도형을 만들어 무늬를 꾸며 보시오.

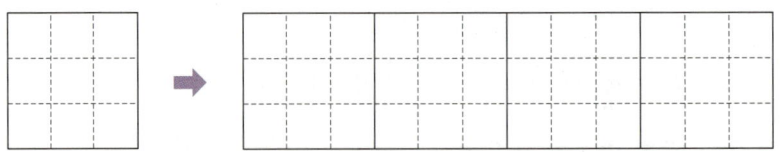

◆ **규칙을 정해 무늬 꾸미기(3)** ◆

1 한 가지 색을 사용하여 규칙에 따라 무늬를 꾸며 보시오.

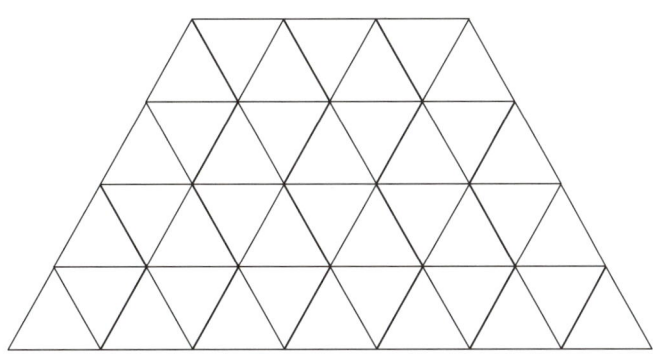

2 두 가지 색을 사용하여 규칙에 따라 무늬를 꾸며 보시오.

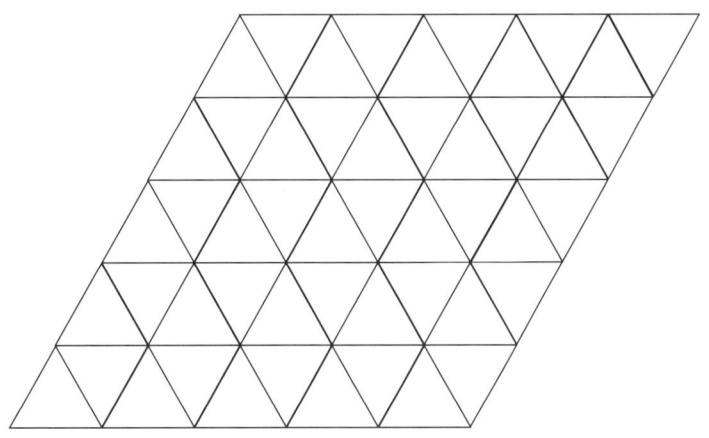

🐸 도형을 규칙적으로 배열하여 무늬를 꾸며 보시오. [3~4]

3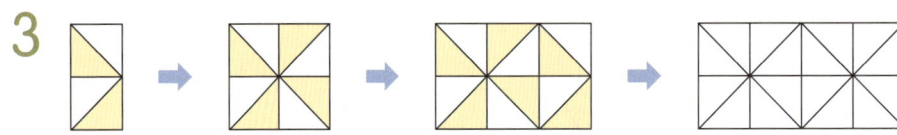

4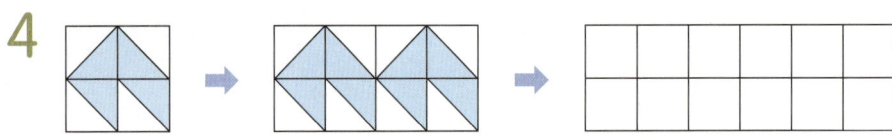

5 다음 그림은 무늬가 규칙에 따라 배열되어 있는 것입니다. 빈 곳에 알맞은 무늬를 넣어보시오.

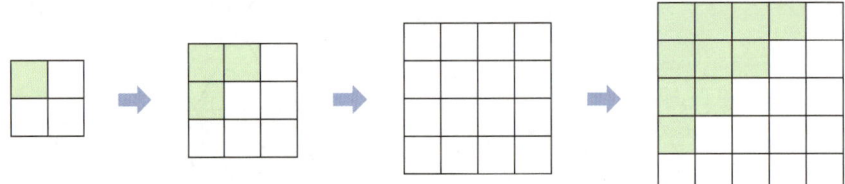

★ 이름 :

★ 날짜 :

★ 시간 :　　시　　분~　　시　　분

확인

◆ **규칙을 찾아 문제 해결(1)** ◆

🐸 어느 해 9월의 달력입니다. 그해 10월 16일은 무슨 요일인지 알아보시오.

[1~4]

9월

일	월	화	수	목	금	토
		1	2	3	4	5
6	7	8	9	10	11	12
13	14	15	16	17	18	19
20	21	22	23	24	25	26
27	28	29	30			

1 10월 1일은 무슨 요일입니까?

[답]

2 달력은 며칠마다 요일이 반복되는 규칙이 있습니까?

[답]

3 10월에 10월 1일과 같은 요일의 날짜를 모두 쓰시오.

[답]

4 10월 16일은 무슨 요일입니까?

[답]

사고력 학습

G-319b

어느 해 5월의 달력입니다. 그해 4월 17일, 4월 6일은 각각 무슨 요일인지 알아보시오. [5~8]

5월

일	월	화	수	목	금	토
			1	2	3	4
5	6	7	8	9	10	11
12	13	14	15	16	17	18
19	20	21	22	23	24	25
26	27	28	29	30	31	

5 4월 30일은 무슨 요일입니까?

[답]

6 4월에 4월 30일과 같은 요일의 날짜를 모두 쓰시오.

[답]

7 4월 17일은 무슨 요일입니까?

[답]

8 4월 6일은 무슨 요일입니까?

[답]

◆ 규칙을 찾아 문제 해결 (2) ◆

1 어느 해 6월 달력의 일부입니다. 그해 7월 11일은 무슨 요일입니까?

[답]

2 어느 해 4월 달력의 일부입니다. 그해 5월 23일은 무슨 요일입니까?

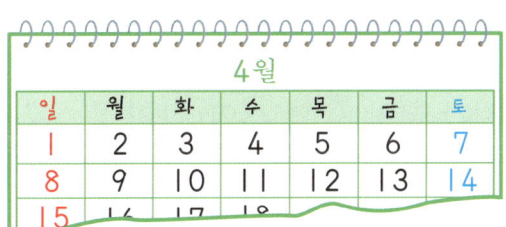

[답]

3 어느 해 11월 달력의 일부입니다. 그해 10월 9일은 무슨 요일입니까?

[답]

사고력 학습

민규네 학교는 매주 목요일에 4교시까지 수업을 합니다. 9시 10분에 1교시 수업을 시작해서 40분 동안 수업을 하고 10분 동안 쉽니다. 물음에 답하시오. [4~7]

   ······

1교시 시작　　1교시 마침　　2교시 시작　　　　4교시 마침

4 1교시를 마친 시각은 몇 시 몇 분입니까?

[답]

5 2교시를 마친 시각은 몇 시 몇 분입니까?

[답]

6 3교시를 마친 시각은 몇 시 몇 분입니까?

[답]

7 4교시를 마친 시각은 몇 시 몇 분입니까?

[답]

 사고력 학습

이름 :

날짜 :

시간 : 시 분 ~ 시 분

확인

◆ 규칙을 찾아 문제 해결(3) ◆

🐸 신호등의 전등불이 빨강, 주황, 초록의 순서대로 켜집니다. 첫 번째로 빨간색 불이 켜진다고 할 때 물음에 답하시오. [1~3]

1 네 번째에는 어떤 색 불이 켜집니까?

[답]

2 12번째에는 어떤 색 불이 켜집니까?

[답]

3 22번째에는 어떤 색 불이 켜집니까?

[답]

4 바둑돌을 그림과 같은 규칙으로 놓는다면 두 번째와 네 번째에는 어떻게 놓아야 할지 빈 곳에 알맞게 그려 보시오.

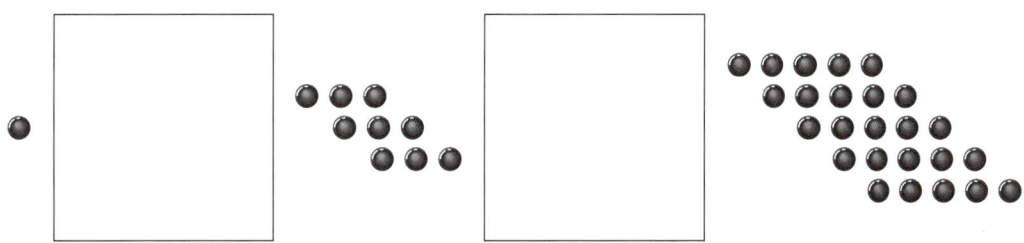

사고력 학습

다음은 영화 상영 시간표의 일부분입니다. 물음에 답하시오. [5~7]

횟수	시작 시각	종료 시각
1	2 : 00	3 : 50
2	4 : 20	6 : 10
3		
4		

5 영화 상영 시간은 몇 시간 몇 분입니까?

[답]

6 휴식 시간은 몇 분입니까?

[답]

7 4회의 영화 상영 시작 시각은 몇 시입니까?

[답]

8 맛나 떡집에서 떡이 20분 간격으로 계속 나온다고 합니다. 오전 9시 30분에 첫 번째 떡이 나온다면 여섯 번째 떡은 언제 나옵니까?

[답]

 사고력 학습

✿ 이름 :

✿ 날짜 :

✿ 시간 :　　시　　분 ~ 　　시　　분

확인

◆ **표를 만들어서 문제 해결(1)** ◆

🐸 100원짜리 동전과 50원짜리 동전으로 600원을 만드는 방법은 모두 몇 가지인지 알아보려고 합니다. 물음에 답하시오. [1~4]

1 100원짜리 동전만으로 600원을 만들려면 100원짜리 동전 몇 개가 필요합니까?

[답]

2 100원짜리 동전이 5개이면 50원짜리 동전은 몇 개가 필요합니까?

[답]

3 다음과 같이 600원이 되도록 표를 완성하시오.

100원짜리(개)	6	5					
50원짜리(개)	0						

4 100원짜리 동전과 50원짜리 동전으로 600원을 만드는 방법은 모두 몇 가지입니까?

[답]

사고력 학습

G-322b

🐸 파란색 구슬과 빨간색 구슬이 모두 16개입니다. 파란색 구슬은 빨간색 구슬보다 2개 더 많습니다. 물음에 답하시오. [5~6]

5 합이 16이 되는 경우를 표에 나타내어 보시오.

파란색 구슬(개)	16	15					
빨간색 구슬(개)	0	1					

6 표에서 파란색 구슬이 빨간색 구슬보다 2개 더 많은 경우를 찾아 각각 몇 개인지 쓰시오.

　　(파란색 구슬) _____ , (빨간색 구슬) _____

🐸 귤과 감이 모두 14개 있습니다. 귤이 감보다 6개 더 적습니다. 물음에 답하시오. [7~8]

7 합이 14가 되는 경우를 표에 나타내어 보시오.

귤(개)	0	1				
감(개)	14	13				

8 표에서 귤이 감보다 6개 더 적은 경우를 찾아 각각 몇 개인지 쓰시오.

　　(귤) _____ , (감) _____

✿ 이름 :

✿ 날짜 :

✿ 시간 :　시　분 ~　시　분

확인

◆ **표를 만들어서 문제 해결(2)** ◆

1　100원짜리 동전과 50원짜리 동전으로 500원을 만드는 방법은 모두 몇 가지인지 표를 만들어 구하시오.

100원짜리(개)	5	4				
50원짜리(개)	0	2				

[답]

2　100원짜리 동전과 50원짜리 동전으로 700원을 만드는 방법은 모두 몇 가지인지 표를 만들어 구하시오.

100원짜리(개)	7	6					
50원짜리(개)	0						

[답]

3　500원짜리 동전과 100원짜리 동전으로 3000원을 만드는 방법은 모두 몇 가지인지 표를 만들어 구하시오.

500원짜리(개)	6					
100원짜리(개)	0					

[답]

4 지현이가 가진 바둑돌은 모두 18개입니다. 흰 바둑돌이 검은 바둑돌보다 8개 더 많습니다. 흰 바둑돌과 검은 바둑돌은 각각 몇 개인지 표를 만들어 구하시오.

흰 바둑돌(개)	18	17	16				
검은 바둑돌(개)	0	1					

(흰 바둑돌) _____ , (검은 바둑돌) _____

5 당근과 오이가 모두 15개 있습니다. 당근이 오이보다 3개 더 적다면 당근과 오이는 각각 몇 개인지 표를 만들어 구하시오.

당근(개)	0	1					
오이(개)	15	14					

(당근) _____ , (오이) _____

6 개와 닭이 모두 12마리 있습니다. 개가 닭보다 2마리 더 적다면 개와 닭은 각각 몇 마리인지 표를 만들어 구하시오.

개(마리)	0	1			
닭(마리)	12				

(개) _____ , (닭) _____

★ 이름 :

★ 날짜 :

★ 시간 :   시   분 ~   시   분

확인

◆ **표를 만들어서 문제 해결(3)** ◆

🐸 희선이와 진규는 가위바위보를 17번 했습니다. 희선이가 진규보다 5번 더 이겼습니다. 비긴 경우가 없을 때, 물음에 답하시오. [1~2]

1 합이 17이 되도록 표를 완성하시오.

희선이가 이긴 횟수(번)	9	10		
진규가 이긴 횟수(번)	8			

2 희선이가 진규에게 이긴 횟수는 몇 번입니까?

[답]

🐸 문구점에서 연필 1자루는 200원이고, 형광펜 1자루는 600원입니다. 연필과 형광펜을 3000원어치 살 수 있는 경우를 알아보려고 합니다. 물음에 답하시오. (단, 연필과 형광펜은 적어도 한 자루씩은 사야 합니다.) [3~4]

3 다음과 같이 3000원이 되도록 표를 완성하시오.

연필(자루)	12			
형광펜(자루)	1			

4 연필과 형광펜을 3000원어치 살 수 있는 경우는 모두 몇 가지입니까?

[답]

사고력 학습

🐸 희정이의 나이와 동생의 나이를 합하면 17살입니다. 희정이는 동생보다 3살 더 많습니다. 물음에 답하시오. [5~6]

5 차가 3이 되는 경우를 표에 나타내어 보시오.

희정이의 나이(살)	5						
동생의 나이(살)	2						

6 희정이와 동생의 나이는 각각 몇 살입니까?

(희정) _____ , (동생) _____

🐸 영규의 나이와 형의 나이를 합하면 20살입니다. 영규는 형보다 4살이 어립니다. 물음에 답하시오. [7~8]

7 합이 20이 되는 경우를 표에 나타내어 보시오.

영규의 나이(살)	1						
형의 나이(살)	19						

8 영규와 형의 나이는 각각 몇 살입니까?

(영규) _____ , (형) _____

 사고력 학습

♣ 이름 :

♣ 날짜 :

♣ 시간 :　　시　　분 ~ 　시　　분

확인

◆ **예상과 확인으로 문제 해결**(1) ◆

□ 안에 들어갈 수를 예상하여 구하려고 합니다. 물음에 답하시오. [1~3]

```
          3  6
   ×      4  □
   ─────────────
          2  5  2
     I    4  4
   ─────────────
     I    6  9  2
```

1 6 × □의 일의 자리 숫자는 2이므로 □ 안에 들어갈 수를 예상하여 모두 쓰시오.

[답] _____

2 예상한 수가 맞는지 계산하여 보시오.

36 × □ = □ , 36 × □ = □

3 □ 안에 들어갈 수는 얼마입니까?

[답] _____

사고력 학습

🐸 가로, 세로의 세 수의 합이 서로 같도록 1부터 3까지의 수를 써넣어 표를 완성하려고 합니다. 물음에 답하시오. [4~6]

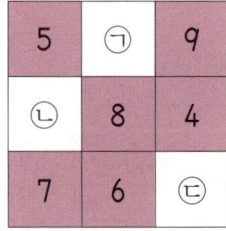

4 가로, 세로의 세 수의 합을 구하려고 합니다. ☐ 안에 알맞은 수를 써넣으시오.

$$5+㉠+9=5+㉡+7=7+6+㉢$$

㉠+☐ =㉡+☐ =㉢+☐

5 ㉠, ㉡, ㉢ 중에서 가장 큰 수와 가장 작은 수가 들어갈 곳을 각각 예상해 보시오.

(가장 큰 수) _____ , (가장 작은 수) _____

6 ㉠, ㉡, ㉢에 알맞은 수를 써넣으시오.

㉠ _____ , ㉡ _____ , ㉢ _____

❀ 이름 :

❀ 날짜 :

❀ 시간 :   시   분 ~   시   분

확인

◆ **예상과 확인으로 문제 해결**(2) ◆

🐸 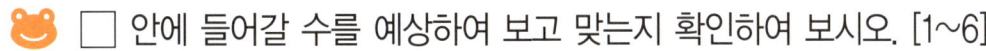 □ 안에 들어갈 수를 예상하여 보고 맞는지 확인하여 보시오. [1~6]

1

```
        7   8
 ×      2  □
        6   2   4
 1   5   6
 2   1   8   4
```

2

```
           □   4
 ×        6   4
        3   7   6
 5   6   4
 6   0   1   6
```

3

```
        5  □
 ×     □   7
        3   7   1
 1   0   6
 1   4   3   1
```

4

```
        3  □
 ×     □   9
        3   0   6
 □   □
 9   8   6
```

5

```
        6  □
 ×      2   3
        1  □   2
 □   □   8
 1   4  □   2
```

6

```
        8   5
 ×      4  □
        1  □   0
 □   □   0
 3  □  □   0
```

7 가로, 세로의 세 수의 합이 서로 같도록 1부터 3까지의 수를 써넣어 표를 완성하시오.

5		9
7	6	
	8	4

8 가로, 세로의 세 수의 합이 서로 같도록 4부터 6까지의 수를 써넣어 표를 완성하시오.

7	3	
	8	1
2		9

9 가로, 세로의 합이 모두 30이 되도록 빈칸에 알맞은 수를 써넣으시오.

	8	15
	5	
10	17	

G-327a

◆ **예상과 확인으로 문제 해결(3)** ◆

1 동화책을 펼쳤더니 펼친 동화책에서 두 쪽수의 합이 85였습니다. 펼친 두 쪽수는 각각 몇 쪽입니까?

[답]

1부터 5까지의 수를 한 번씩 사용하여 가로, 세로의 세 수의 합이 같아지도록 빈칸에 알맞은 수를 써넣으시오. [2~3]

2

	1	
	3	

3

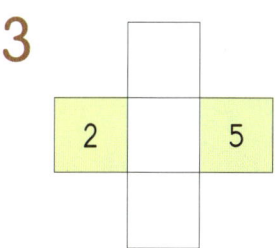

4 사각형의 각 변에 있는 세 수의 합이 서로 같도록 □ 안에 숫자 2, 3, 5, 6을 알맞게 써넣으시오.

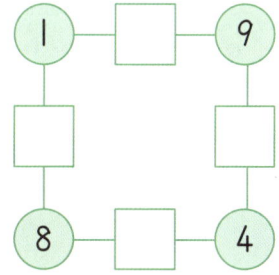

5 4부터 9까지의 수를 한 번씩 써넣어 각 변에 있는 세 수의 합이 모두 같도록 만들어 보시오.

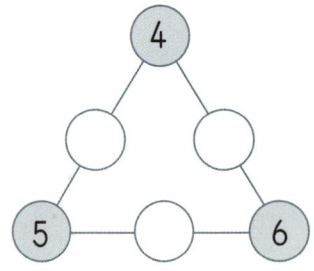

6 1부터 9까지의 수를 한 번씩 사용하여 가로, 세로에 있는 세 수의 합이 모두 같게 만들어 보시오.

5		
		2

7 별 모양의 도형에서 각 선분에 놓인 4개의 수들의 합이 서로 같도록 ◯ 안에 숫자 2, 3, 4를 알맞게 써넣으시오.

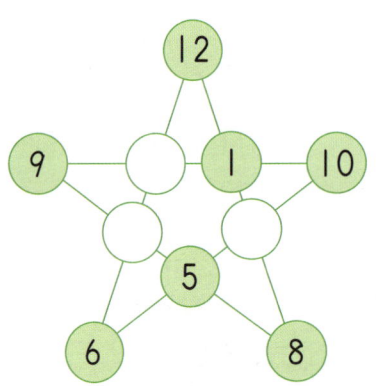

G-328a

이름 :
날짜 :
시간 :　시　분 ~ 시　분

확인

🌐 창의력 학습

다음 그림과 같은 방법으로 빈칸에 알맞은 수를 써넣으시오.

3	1	4
3	4	2
1	2	2

6	15	21
2	7	9
3	4	12

10	20	30
2	6	5
5	5	25

6	8	
2	7	

민수는 다음 그림의 빈칸에 1부터 1씩 늘어나도록 화살표 방향으로 수를 써넣으려고 합니다. 가운데에 ⭐이 있는 칸에는 어떤 숫자를 쓰게 됩니까?

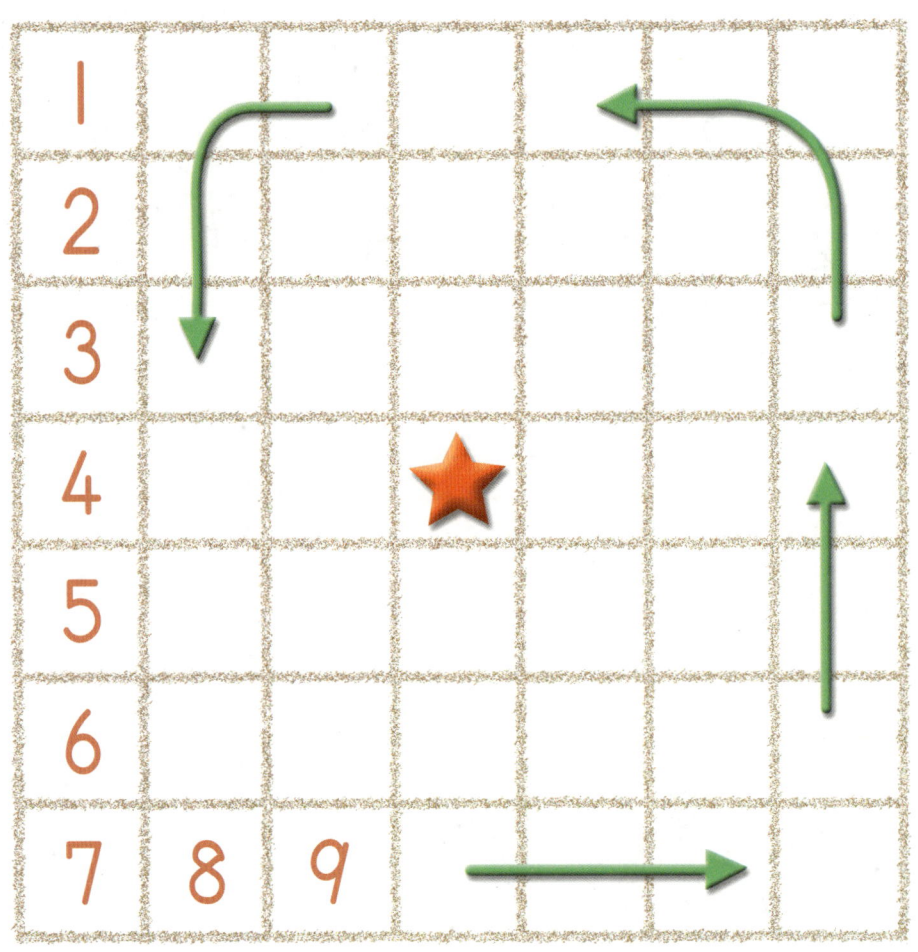

[답]

★ 이름 :

★ 날짜 :

★ 시간 : 　시　　분~　시　　분

확인

✚ 경시대회 예상문제

1 다음 무늬는 어떤 기본 도형을 사용하여 만든 것인지 그려보시오.

2 다음 그림은 무늬가 규칙에 따라 배열되어 있습니다. 빈 곳에 알맞은 무늬를 넣어 보시오.

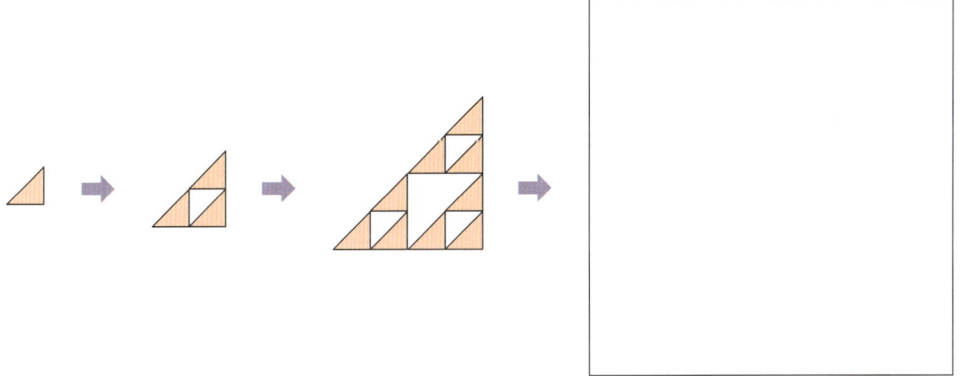

3 ★에 알맞은 숫자를 구하시오.

[답]

경시대회 예상문제

4 어느 해 12월 4일은 목요일입니다. 그해 10월 20일은 무슨 요일입니까?

[답] _____

5 그림과 같은 규칙으로 바둑돌을 놓았습니다. 20번째에는 어떤 색 바둑돌이 놓입니까?

[답] _____

 서술형·논술형

6 그림과 같은 규칙으로 바둑돌을 놓았습니다. 11번째에는 어떤 색 바둑돌이 몇 개 더 많이 놓이는지 풀이 과정을 쓰고 답을 구하시오.

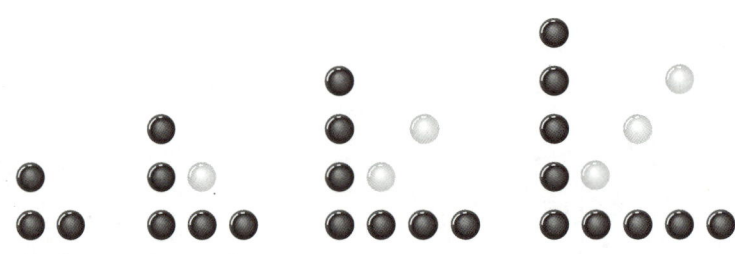

_____

_____

[답] _____

7 1부터 7까지의 수를 한 번씩 써넣어 각 줄에 있는 세 수의 합이 모두 같게 하려고 합니다. ◯ 안에 알맞은 수를 써넣으시오.

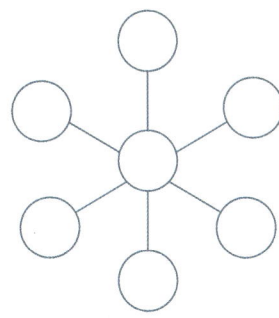

서술형·논술형

8 70cm 막대가 부러졌습니다. 부러진 막대를 서로 대어 보았더니 긴 쪽이 짧은 쪽보다 8cm 더 길었습니다. 긴 쪽 막대의 길이는 몇 cm인지 풀이 과정을 쓰고 답을 구하시오.

[답]

9 개와 오리가 모두 15마리 있습니다. 다리를 세어 보니 모두 38개였습니다. 개와 오리는 각각 몇 마리입니까?

(개) _____ , (오리) _____

10 같은 모양에는 같은 숫자가 들어갑니다. ●, ■를 각각 구하시오.

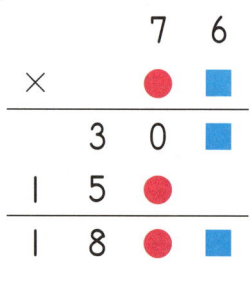

```
        7   6
  ×     ●   ■
  ─────────────
        3   0   ■
    1   5   ●
  ─────────────
    1   8   ●   ■
```

● _____ , ■ _____

11 어떤 두 수의 곱이 992이고 차는 1입니다. 어떤 두 수의 합은 얼마입니까?

[답]

12 호준이와 정아가 매일 동화책을 읽습니다. 오늘까지 읽은 동화책이 호준이는 16권, 정아는 24권입니다. 내일부터는 하루에 호준이는 5권씩, 정아는 3권씩 읽으려고 합니다. 호준이와 정아가 읽은 동화책의 수가 같게 되는 것은 며칠 후입니까?

[답]

경시대회 예상문제

사고력도 탄탄! 창의력도 탄탄!
기탄**고력**수학

G6

🦆 **G331a ~ G345b**

학습 관리표

학습 내용		이번 주는?
확인 학습	• 자료 정리 • 규칙 찾기와 문제 해결 • 창의력 학습 • 경시대회 예상문제	• 학습 방법 : ① 매일매일　② 가끔　③ 한꺼번에 　하였습니다. • 학습 태도 : ① 스스로 잘　② 시켜서 억지로 　하였습니다. • 학습 흥미 : ① 재미있게　② 싫증내며 　하였습니다. • 교재 내용 : ① 적합하다고　② 어렵다고　③ 쉽다고 　하였습니다.

지도 교사가 부모님께	부모님이 지도 교사께

평가	Ⓐ 아주 잘함	Ⓑ 잘함	Ⓒ 보통	Ⓓ 부족함

원(교)　　　　반　이름　　　　전화

기초부터 탄탄하게
G 기탄교육
www.gitan.co.kr / (02)586-1007(대)

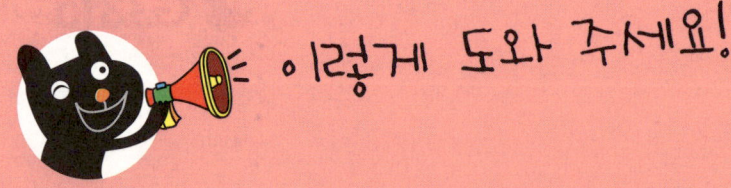

이렇게 도와 주세요!

● 학습 목표
- 주어진 자료를 분류, 정리하여 막대그래프로 나타내고, 해석할 수 있습니다.
- 그림그래프의 특징을 알고, 그림그래프로 나타낸 후에 해석할 수 있습니다.
- 막대그래프와 그림그래프의 차이를 알고, 자료의 특징에 알맞은 그래프로 나타낼 수 있습니다.
- 규칙을 정해 무늬를 꾸밀 수 있습니다.
- 규칙에 따라 주어진 문제를 해결할 수 있습니다.
- 표를 만들어 문제를 해결할 수 있습니다.
- 예상과 확인으로 문제를 해결할 수 있습니다.

● 지도 내용
- 표로 나타낸 자료를 순서에 따라 막대그래프를 그려 본 후 막대그래프에서 통계적인 사실을 읽어 보게 합니다.
- 표를 보고, 주어진 그림의 모양으로 수량을 나타내어 그림그래프를 완성하고, 완성한 그림그래프를 보고, 통계적인 사실을 찾아보게 합니다.
- 주어진 자료의 특징에 따라 막대그래프나 그림그래프로 나타내게 하고 완성된 그래프에서 간단한 통계적 사실을 알아보게 합니다.
- 주어진 조건에서 규칙을 찾고, 문제를 해결하게 합니다.
- 주어진 문제 상황에서 표를 만들어 규칙을 찾고, 찾은 규칙으로 문제를 해결하게 합니다.
- 조건에 맞게 예상하게 하고 예상한 수를 확인하여 문제를 해결하게 합니다.

● 지도 요점
앞에서 학습한 자료 정리, 규칙 찾기와 문제 해결을 확인 학습하는 주입니다. 여러 유형의 문제를 접해 보게 함으로써 아이가 학습한 지식을 잘 응용할 수 있도록 지도합니다.

★ 이름 :

★ 날짜 :

★ 시간 :　　시　분 ～　시　분

확인

◆ **자료 정리(1)** ◆

🐸 석희네 반 학생들이 가 보고 싶은 산을 조사하여 막대그래프로 나타낸 것입니다. 물음에 답하시오. [1~4]

가 보고 싶은 산별 학생 수

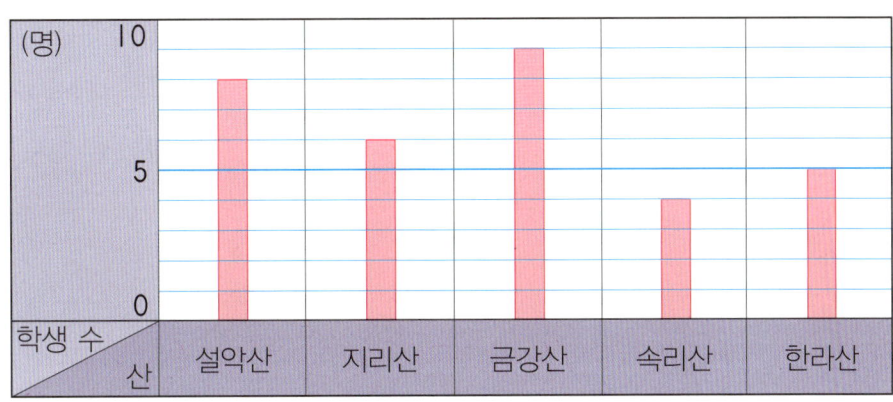

1 가로와 세로는 각각 무엇을 나타내고 있습니까?

(가로) _____ , (세로) _____

2 가장 많은 학생들이 가 보고 싶은 산은 무엇입니까?

[답] _____

3 가장 적은 학생들이 가 보고 싶은 산은 무엇입니까?

[답] _____

4 조사한 학생은 모두 몇 명입니까?

[답] _____

확인 학습

어느 주차장에 있는 자동차의 색을 조사하여 표로 나타낸 것입니다. 물음에 답하시오. [5~7]

색깔별 자동차 수

색깔	흰색	검정색	빨간색	파란색	회색	합계
자동차 수(대)	15	13	5	3	12	48

5 위의 표를 막대그래프로 나타낼 때 자동차 수를 나타내는 눈금은 적어도 몇 대까지 나타낼 수 있어야 합니까?

[답] _____

6 표를 보고 막대그래프를 그려 보시오.

색깔별 자동차 수

7 막대그래프에서 세로 눈금 한 칸은 몇 대를 나타냅니까?

[답] _____

🐸 주미네 학교 3학년에서 반별로 모은 빈병의 수를 조사하여 그림그래프로 나타낸 것입니다. 물음에 답하시오. [8~11]

반별로 모은 빈병의 수

반	빈병의 수
1	
2	
3	
4	

🍶 10개
🍶 1개

8 그림 🍶 은 몇 개를 나타냅니까?

[답] _____

9 그림 🍶 은 몇 개를 나타냅니까?

[답] _____

10 2반에서 모은 빈병은 몇 개입니까?

[답] _____

11 모은 빈병의 수가 많은 반부터 차례대로 쓰시오.

[답] _____

🐸 어느 고장의 과수원에 있는 사과나무 수를 조사하여 표로 나타낸 것입니다. 물음에 답하시오. [12~14]

과수원별 사과나무 수

과수원	초록	달콤	조은	맛나	풍성	합계
사과나무 수(그루)	25	31	19	30	35	140

12 표를 보고 그림그래프를 그려 보시오.

과수원별 사과나무 수

과수원	사과나무 수
초록	
달콤	
조은	
맛나	
풍성	

🍎 10그루
🍎 1그루

13 사과나무 수가 많은 과수원부터 차례대로 쓰시오.

[답]

14 맛나 과수원보다 사과나무 수가 많은 과수원의 이름을 모두 쓰시오.

[답]

🐸 학생들이 좋아하는 전통 놀이를 조사하여 표로 나타낸 것입니다. 물음에 답하시오. [15~16]

전통 놀이별 학생 수

전통 놀이	윷놀이	제기차기	팽이치기	연날리기	딱지치기	합계
학생 수(명)	35	23	18	27	15	118

15 표를 보고 막대그래프를 그려 보시오.

전통 놀이별 학생 수

16 표를 보고 그림그래프를 그려 보시오.

전통 놀이별 학생 수

전통 놀이	학생 수
윷놀이	
제기차기	
팽이치기	
연날리기	
딱지치기	

10명
1명

🐸 마을별로 개를 기르는 가구 수를 조사하여 막대그래프로 나타낸 것입니다. 물음에 답하시오. [17~18]

마을별 개를 기르는 가구 수

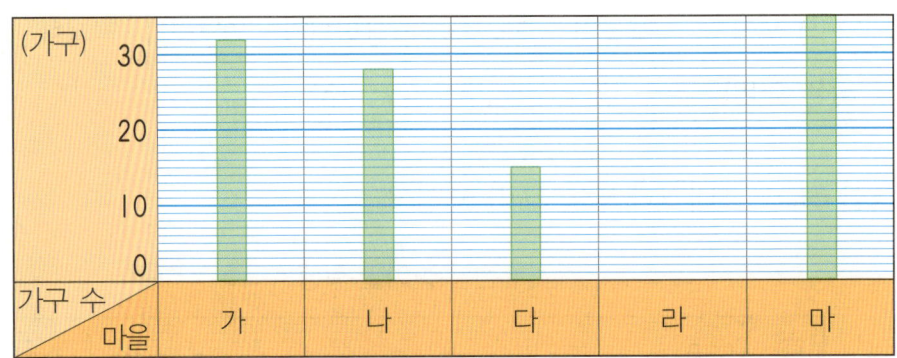

17 라 마을에서 개를 기르는 가구 수는 다 마을에서 개를 기르는 가구 수의 2배일 때 막대그래프를 완성하시오.

18 막대그래프를 보고 그림그래프를 그려 보시오.

마을별 개를 기르는 가구 수

마을	가구 수
가	
나	
다	
라	
마	

 🏠 10가구
🏠 1가구

✿ 이름 :

✿ 날짜 :

✿ 시간 :　시　분 ~　시　분

◆ **자료 정리(2)** ◆

🐸 수연이네 모둠 학생들의 수학 점수를 조사하여 표로 나타낸 것입니다. 물음에 답하시오. [1~3]

학생별 수학 점수

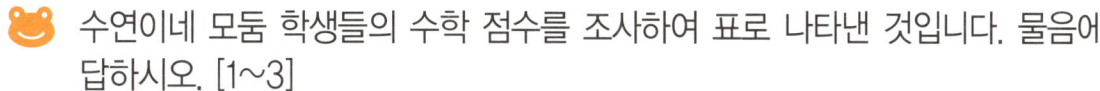

이름	수연	정호	주영	진희	슬기	합계
점수(점)	80	70	60	90	80	380

1 표를 보고 막대그래프를 그려 보시오.

학생별 수학 점수

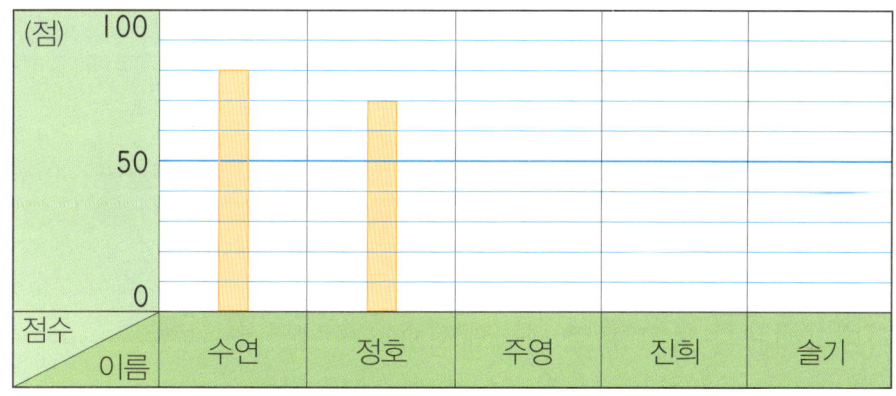

2 세로 눈금 한 칸은 몇 점을 나타냅니까?

[답]

3 점수가 가장 높은 학생은 누구입니까?

[답]

확인 학습

어느 해 12월의 날씨를 조사하여 막대그래프로 나타낸 것입니다. 물음에 답하시오. [4~6]

어느 해 12월의 날씨

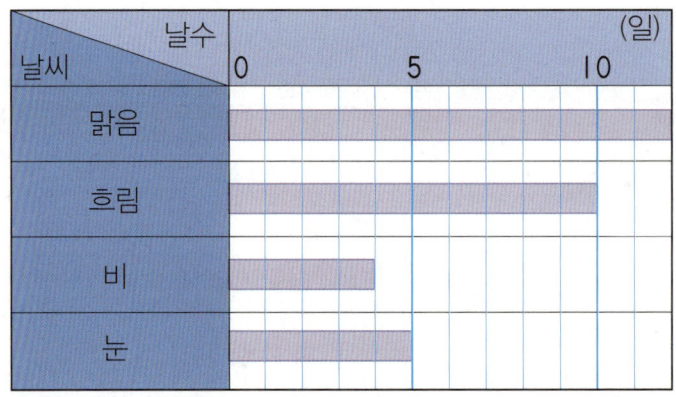

4 가로와 세로에는 각각 무엇을 나타내었습니까?

(가로) _____ , (세로) _____

5 막대그래프를 보고 표로 나타내시오.

어느 해 12월의 날씨

날씨	맑음	흐림	비	눈	합계
날수(일)					

6 날수가 많은 날씨부터 차례대로 쓰시오.

[답] _____

확인 학습

🐸 미호네 동네의 가게별 팔린 과자 봉지 수를 조사하여 표로 나타낸 것입니다. 물음에 답하시오. [7~9]

가게별 팔린 과자 봉지 수

가게	최고	알뜰	듬뿍	일등	합계
봉지 수(개)	32	25	28	40	125

7 표를 보고 그림그래프를 완성하시오.

가게별 팔린 과자 봉지 수

가게	봉지 수
최고	☐ ☐ ☐ ▫ ▫
알뜰	☐ ☐ ▫ ▫ ▫ ▫ ▫
듬뿍	
일등	

☐ 10개
▫ 1개

8 가장 적게 과자를 판 가게는 어디입니까?

[답] _____

9 과자를 많이 판 가게부터 차례대로 쓰시오.

[답] _____

확인 학습 ☕

🐸 진선이네 모둠 학생들이 모은 붙임 딱지 수를 조사하여 그림그래프로 나타낸 것입니다. 물음에 답하시오. [10~12]

학생별 모은 붙임 딱지 수

이름	붙임 딱지 수
진선	⭐⭐⭐
효영	⭐⭐⭐✩✩✩✩✩✩
정수	⭐⭐⭐✩✩✩
철호	⭐⭐✩✩✩✩
훈희	⭐✩✩✩✩✩✩✩

⭐ 10개
✩ 1개

10 그림그래프를 보고 표로 나타내시오.

학생별 모은 붙임 딱지 수

이름	진선	효영	정수	철호	훈희	합계
붙임 딱지 수(개)						

11 붙임 딱지를 가장 많이 모은 학생은 누구입니까?

[답]

12 훈희가 모은 붙임 딱지 수의 2배쯤 모은 학생은 누구입니까?

[답]

🐸 진규네 학교 3학년 학생들이 놀이공원에서 타고 싶은 놀이 기구를 조사하여 막대그래프로 나타낸 것입니다. 물음에 답하시오. [13~14]

놀이 기구별 타고 싶은 학생 수

학생 수 \ 놀이 기구	열차	범퍼카	바이킹	파도타기

13 조사한 학생 수가 모두 100명이라면 바이킹을 타고 싶은 학생 수를 막대 그래프로 나타내시오.

14 막대그래프를 보고 그림그래프를 그려 보시오.

놀이 기구별 타고 싶은 학생 수

놀이 기구	학생 수
열차	
범퍼카	
바이킹	
파도타기	

😊 10명
🙂 1명

확인 학습

마을별로 모은 폐품의 무게를 조사하여 막대그래프와 그림그래프를 완성하려고 합니다. 물음에 답하시오. [15~16]

마을별로 모은 폐품의 무게

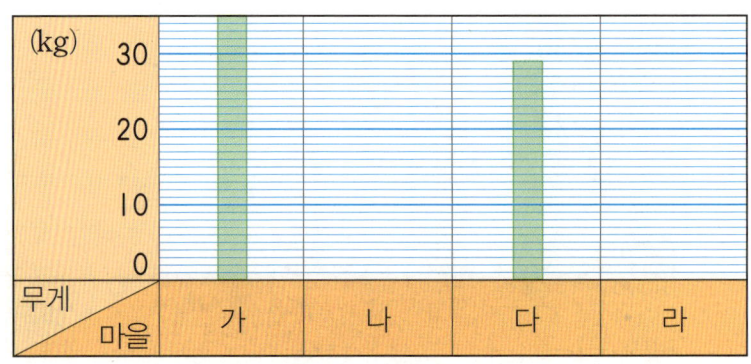

마을별로 모은 폐품의 무게

마을	무게
가	
나	
다	
라	

10kg
1kg

15 막대그래프와 그림그래프를 완성하시오.

16 마을별로 모은 폐품의 무게는 모두 몇 kg입니까?

[답]

✿ 이름 :

✿ 날짜 :

✿ 시간 :　시　분 ~ 　시　분

◆ 규칙 찾기와 문제 해결(1) ◆

1 기본 도형을 사용하여 무늬를 꾸며 보시오.

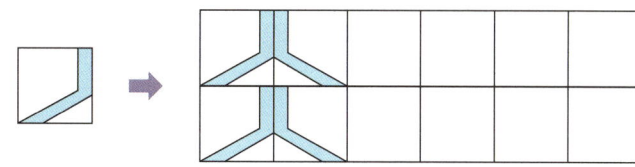

2 기본 도형을 배열하여 무늬를 꾸며 보시오.

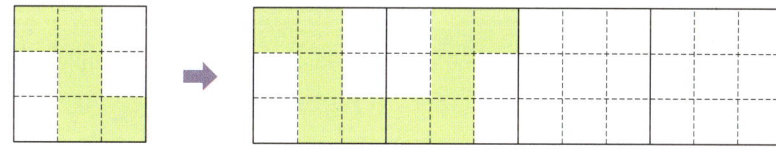

3 도형을 규칙적으로 배열하여 무늬를 꾸며 보시오.

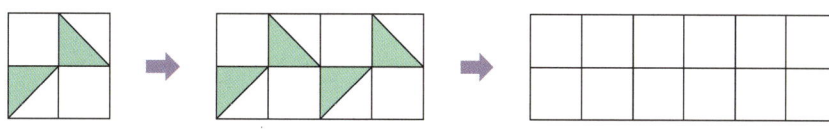

확인 학습

4 어느 해 6월의 달력입니다. 그해 7월 12일은 무슨 요일입니까?

6월						
일	월	화	수	목	금	토
		1	2	3	4	5
6	7	8	9	10	11	12
13	14	15	16	17	18	19
20	21	22	23	24	25	26
27	28	29	30			

[답]

5 신호등의 전등불이 빨강, 주황, 초록의 순서대로 켜집니다. 첫 번째로 주황색 불이 켜진다면 16번째에는 어떤 색 불이 켜집니까?

[답]

6 효진이네 학교는 9시에 1교시 수업을 시작해서 40분 동안 수업을 하고 10분 동안 쉽니다. 4교시 수업을 시작하는 시각은 몇 시 몇 분입니까?

[답]

7 바둑돌을 그림과 같은 규칙으로 놓는다면 네 번째에는 어떻게 놓아야 할지 빈 곳에 알맞게 그려 보시오.

8 어느 호떡 가게에서 호떡이 10분 간격으로 계속 나온다고 합니다. 오전 8시 30분에 첫 번째 호떡이 나온다면 9번째 호떡은 언제 나옵니까?

[답]

9 100원짜리 동전과 50원짜리 동전으로 400원을 만드는 방법은 모두 몇 가지인지 표를 만들어 구하시오.

100원짜리(개)	4				
50원짜리(개)	0				

[답]

10 미연이가 가진 빨간 색연필과 노란 색연필은 모두 17자루입니다. 빨간 색연필은 노란 색연필보다 3자루 더 많습니다. 미연이가 가지고 있는 색연필은 각각 몇 자루인지 표를 만들어 구하시오.

빨간 색연필(자루)	17	16					
노란 색연필(자루)	0	1					

(빨간 색연필) _____ , (노란 색연필) _____

11 양파와 당근이 모두 16개 있습니다. 양파가 당근보다 6개 더 적다면 양파와 당근은 각각 몇 개 있습니까?

(양파) _____ , (당근) _____

12 두 수의 합이 43이고 차가 11인 두 수는 각각 얼마입니까?

[답] _____

 확인 학습

13 가게에서 초콜릿 1개는 500원이고, 사탕 1개는 200원입니다. 초콜릿과 사탕을 4000원어치 살 수 있는 경우는 모두 몇 가지입니까? (단, 초콜릿과 사탕은 적어도 1개씩 사야 합니다.)

[답]

14 □ 안에 알맞은 수를 써넣으시오.

```
        3 □
  ×   □ 8
    2 7 2
  1 7 0
  1 9 7 2
```

15 수학책을 펼쳤더니 펼친 수학책에서 두 쪽수의 합이 73이었습니다. 펼친 두 쪽수는 각각 몇 쪽입니까?

[답]

확인 학습

16 l부터 6까지의 수를 한 번씩 써넣어 각 변에 있는 세 수의 합이 모두 같도록 만들어 보시오.

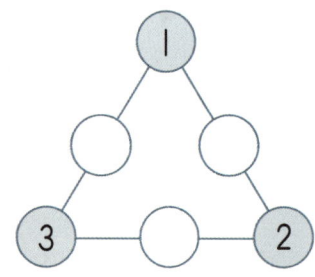

17 l부터 9까지의 수를 한 번씩 사용하여 가로, 세로의 세 수의 합이 모두 같게 되도록 빈칸에 알맞은 수를 써넣으시오.

8		4
1	5	
	7	2

18 40cm 막대가 부러졌습니다. 부러진 막대를 서로 대어 보았더니 긴 쪽이 짧은 쪽보다 6cm 더 길었습니다. 짧은 쪽 막대의 길이는 몇 cm입니까?

[답]

G-340a

◆ 규칙 찾기와 문제 해결(2) ◆

1 다음 무늬에서 기본 도형을 찾아 보시오.

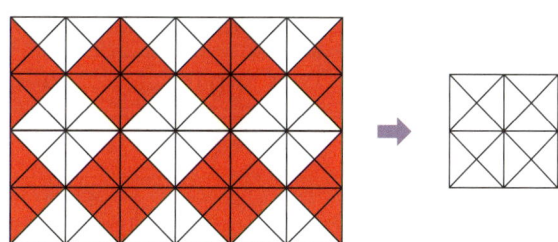

2 도형을 규칙적으로 배열하여 무늬를 꾸며 보시오.

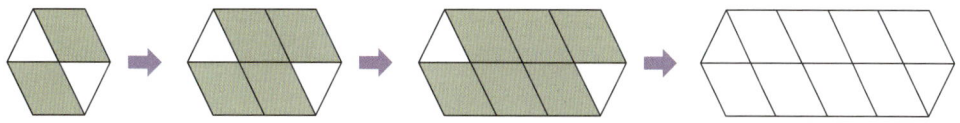

3 어느 해 5월 31일은 화요일입니다. 그해 6월 28일은 무슨 요일입니까?

[답]

확인 학습

4 다음은 영화 상영 시간표의 일부분입니다. 4회의 영화 종료 시각은 몇 시 몇 분입니까?

횟수	시작 시각	종료 시각
1	9 : 00	10 : 40
2	11 : 10	12 : 50
3		
4		

[답]

5 그림과 같은 규칙으로 색종이를 놓을 때 26번째에는 어떤 색의 색종이를 놓아야 합니까?

[답]

6 그림과 같은 규칙으로 바둑돌을 놓았습니다. 빈 곳에 알맞은 바둑돌은 몇 개입니까?

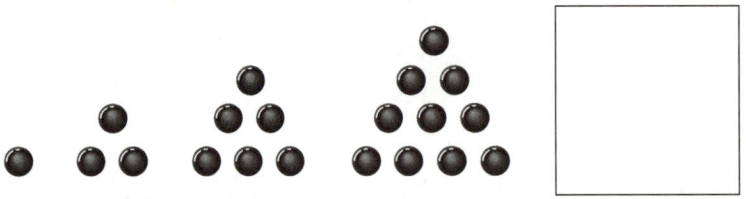

[답]

7 어느 해 10월 달력의 일부입니다. 그해 9월 7일은 무슨 요일입니까?

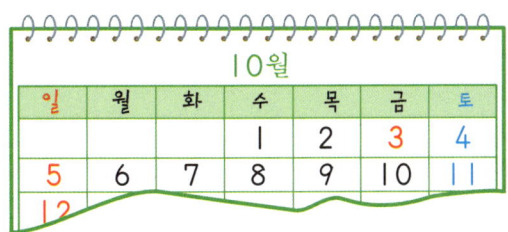

[답] _____

8 어느 인형 공장에서 인형이 40분 간격으로 계속 만들어진다고 합니다. 오전 9시 20분에 첫 번째 인형이 만들어진다면 8번째 인형은 몇 시 몇 분에 나옵니까?

[답] _____

9 500원짜리 동전과 100원짜리 동전으로 2500원을 만드는 방법은 모두 몇 가지인지 표를 만들어 구하시오.

500원짜리(개)	5				
100원짜리(개)	0				

[답] _____

확인 학습

10 정현이는 수학 문제집 한 쪽을 푸는 데 **20**분이 걸립니다. 쉬지 않고 수학 문제집을 한 쪽씩 푼다면 여섯 번째 쪽수의 수학 문제집을 풀기 시작한 시각은 몇 시 몇 분입니까?

       ……

첫 번째 쪽수를   두 번째 쪽수를   세 번째 쪽수를
풀기 시작한 시각   풀기 시작한 시각   풀기 시작한 시각

[답]

11 수민이가 가진 파란색 구슬과 빨간색 구슬은 모두 **19**개입니다. 파란색 구슬이 빨간색 구슬보다 **7**개 더 적습니다. 파란색 구슬과 빨간색 구슬은 각각 몇 개인지 표를 만들어 구하시오.

파란색 구슬(개)	0						
빨간색 구슬(개)	19						

(파란색 구슬) _____ , (빨간색 구슬) _____

12 희수의 나이와 언니의 나이를 합하면 **26**살입니다. 희수는 언니보다 **4**살이 어립니다. 희수와 언니는 각각 몇 살입니까?

(희수) _____ , (언니) _____

 확인 학습

13 □ 안에 알맞은 수를 써넣으시오.

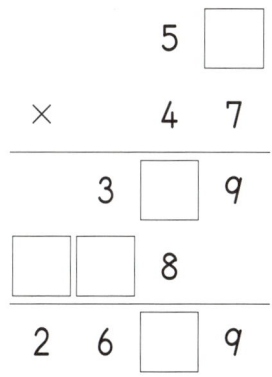

```
        5 □
  ×     4 7
  -------
      3 □ 9
  □ □ 8
  -------
  2 6 □ 9
```

14 1부터 5까지의 수를 한 번씩 사용하여 가로, 세로의 세 수의 합이 같아지
도록 빈칸에 알맞은 수를 써넣으시오.

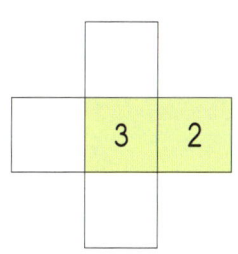

15 사각형의 각 변에 있는 세 수의 합이 서로 같도록 □ 안에 숫자 1, 3, 7,
9를 알맞게 써넣으시오.

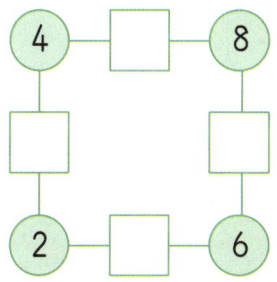

16 1부터 7까지의 수를 한 번씩 써넣어 각 줄에 있는 세 수의 합이 모두 같게 하려고 합니다. ◯ 안에 알맞은 수를 써넣으시오.

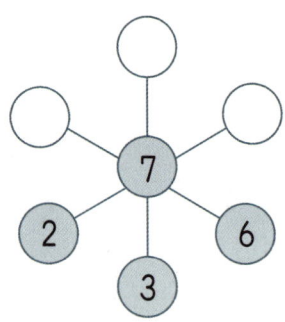

17 별 모양의 도형에서 각 선분에 놓인 4개의 수들의 합이 서로 같도록 ◯ 안에 숫자 6, 7, 8을 알맞게 써넣으시오.

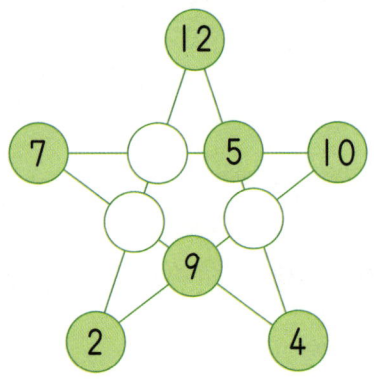

18 돼지와 닭이 모두 12마리 있습니다. 다리를 세어 보니 모두 32개였습니다. 돼지와 닭은 각각 몇 마리입니까?

(돼지) _____ , (닭) _____

★ 이름 :

★ 날짜 :

★ 시간 :　시　분~　시　분

 창의력 학습

훈이가 달력을 넘기다가 달력이 찢어졌습니다. 오늘부터 37일 후에 학교에서 소풍을 갑니다. 소풍을 가는 날은 몇 월 며칠이고 무슨 요일인지 알아보시오.

에구! 달력이 찢어졌네!
오늘이 9월 3일이니깐
소풍가는 날은 언제일까?

9월

일	월	화	수	목	금	토
	1	2	3	4	5	6
7	8	9	10	11		

[답]

1부터 9까지의 숫자를 아래와 같이 바둑판 무늬에 적었습니다. 세로로 9칸, 가로로 9칸, 그리고 9개의 사각형(굵은 선으로 둘러싸인 가로 3칸 × 세로 3칸) 속에 각각 똑같은 숫자가 겹치지 않도록 1에서 9까지의 숫자 중에서 빈칸에 알맞은 숫자를 써넣으시오.

	9	7	4	8	3	5	6	
8	6	5		1		7		3
1		4	5		6	9	8	2
4	2	9	1	5			7	6
	5	3	6	4	2	8		9
6	8		9		7	2	5	4
9		8	3	6		1	2	
5	1			9	4	6	3	8
3	7	6	8	2	1		9	5

 경시대회 예상문제

1　성우네 모둠 학생들이 방학 동안 읽은 책의 수를 조사하여 표와 막대그래프로 나타낸 것입니다. 다은이는 미숙이보다 **8**권 더 많이 읽었습니다. 표와 막대그래프를 완성하시오.

방학 동안 읽은 책의 수

이름	성우	정현	다은	가희	미숙	합계
책의 수(권)	24	19		15		100

방학 동안 읽은 책의 수

2　농장별 감자 생산량을 조사하여 그림그래프로 나타낸 것입니다. 나 농장의 생산량은 다 농장보다 **23kg** 더 적습니다. 그림그래프를 완성하시오.

농장별 감자 생산량

농장	생산량
가	◎ ◎ ○ ○ ○ • •
나	
다	◎ ○ ○ ○ ○ ○ ○ ○ ○ ○ • • • •
라	◎ ◎ ○ • • • • • • •

◎ 100kg
○ 10kg
• 1kg

3 정아네 학교 3학년의 반별로 축구를 좋아하는 남학생 수와 여학생 수를 조사하여 막대그래프로 나타낸 것입니다. 축구를 좋아하는 전체 남학생 수는 전체 여학생 수보다 몇 명 더 많습니까?

반별 축구를 좋아하는 학생 수

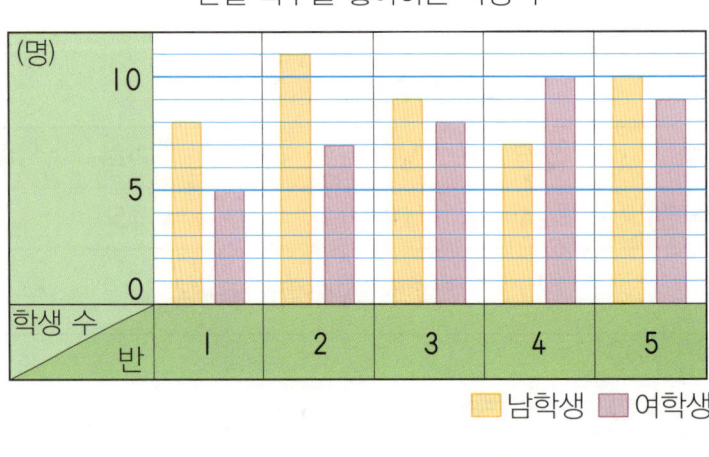

🟨 남학생 🟪 여학생

[답]

4 과수원별 사과 생산량을 조사하여 나타낸 그림그래프입니다. 전체 사과를 10kg씩 상자에 넣어서 팔려고 합니다. 상자는 모두 몇 개가 필요합니까?

과수원별 사과 생산량

과수원	생산량
가	🍎🍎🍎🍎🍎🍎🍎 🍏🍏🍏🍏
나	🍎🍎🍎🍎🍎🍎🍎🍎 🍏🍏🍏
다	🍎🍎🍎🍎🍎 🍏🍏🍏🍏🍏🍏
라	🍎🍎🍎🍎🍎🍎 🍏🍏🍏🍏🍏

🍎 10kg
🍏 1kg

[답]

5 ★에 알맞은 숫자를 구하시오.

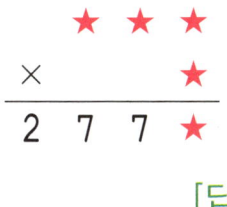

[답] _____

6 어느 해 6월 5일은 수요일입니다. 그해 식목일은 무슨 요일입니까?

[답] _____

🦆 서술형·논술형

7 그림과 같은 규칙으로 바둑돌을 놓았습니다. 9번째에는 어떤 색 바둑돌이 몇 개 더 많이 놓이는지 풀이 과정을 쓰고 답을 구하시오.

_____

_____

[답] _____

8 같은 모양에는 같은 숫자가 들어갑니다. ●, ■를 각각 구하시오.

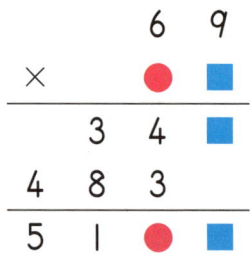

$$
\begin{array}{r}
6\ 9 \\
\times\quad ●\ ■ \\
\hline
3\ 4\ ■ \\
4\ 8\ 3\quad \\
\hline
5\ 1\ ●\ ■ \\
\end{array}
$$

● _____ , ■ _____

서술형·논술형

9 60cm인 끈을 두 도막으로 잘랐습니다. 잘려진 끈을 서로 대어 보았더니 짧은 쪽이 긴 쪽보다 10cm 짧았습니다. 짧은 쪽 끈의 길이는 몇 cm인지 풀이 과정을 쓰고 답을 구하시오.

[답]

10 어떤 두 수의 곱이 600이고 차는 1입니다. 어떤 두 수의 합은 얼마입니까?

[답]

사고력도 탄탄! 창의력도 탄탄!

기탄고력수학 G6

🐜 **G346a ~ G360b**

학습 관리표

학습 내용		이번 주는?
확인 학습	· 덧셈과 뺄셈 · 곱셈 · 원 · 나눗셈 · 들이와 무게 · 소수 · 자료 정리 · 규칙 찾기와 문제 해결 · 창의력 학습 · 경시대회 예상문제 · 종료 테스트	• 학습 방법 : ① 매일매일 ② 가끔 ③ 한꺼번에 　하였습니다. • 학습 태도 : ① 스스로 잘 ② 시켜서 억지로 　하였습니다. • 학습 흥미 : ① 재미있게 ② 싫증내며 　하였습니다. • 교재 내용 : ① 적합하다고 ② 어렵다고 ③ 쉽다고 　하였습니다.
지도 교사가 부모님께		**부모님이 지도 교사께**
평가	Ⓐ 아주 잘함　　　Ⓑ 잘함　　　Ⓒ 보통　　　Ⓓ 부족함	

원(교)　　　　반　　이름　　　　　　전화

기초부터 탄탄하게
G 기탄교육
www.gitan.co.kr / (02)586-1007(대)

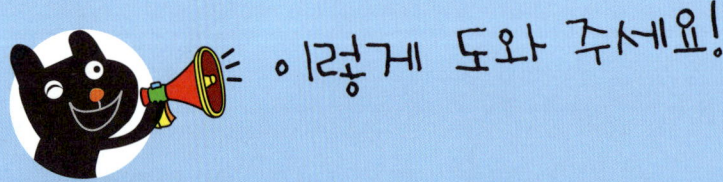

이렇게 도와 주세요!

● **학습 목표**
– 네 자리 수의 범위에서 덧셈과 뺄셈의 계산 원리와 형식을 알고 계산할 수 있습니다.
– (세 자리 수)×(한 자리 수), (몇십)×(몇십), (두 자리 수)×(몇십), (두 자리 수)×(두 자리 수)의 계산 원리를 이해하고 계산할 수 있습니다.
– 원의 중심과 반지름, 지름의 뜻을 이해합니다.
– (몇십)÷(몇), (몇십 몇)÷(몇)의 계산 원리와 방법을 이해하고 계산할 수 있습니다.
– 들이의 합과 차, 무게의 합과 차를 구할 수 있습니다.
– 소수 한 자리 수의 소수를 읽고 쓰고 소수 한 자리 수들의 크기를 비교할 수 있습니다.
– 막대그래프와 그림그래프의 특징을 알고 자료의 특징에 알맞은 그래프로 나타낼 수 있습니다.
– 규칙을 찾거나 표를 만들거나 예상과 확인으로 문제를 해결할 수 있습니다.

● **지도 내용**
– 네 자리 수와 세 자리 수, 네 자리 수와 네 자리 수의 덧셈, 뺄셈 문제 해결을 확인합니다.
– (세 자리 수)×(한 자리 수), (몇십)×(몇십), (두 자리 수)×(몇십), (두 자리 수)×(두 자리 수)의 계산 원리를 이해하고 바르게 계산합니다.
– 원의 중심과 반지름, 지름의 뜻을 이해하고 원에 관한 문제를 해결합니다.
– (몇십)÷(몇), (몇십 몇)÷(몇)의 계산 원리와 방법을 이해하고 계산합니다.
– 소수 한 자리 수의 소수를 읽고 쓰고 소수 한 자리 수들의 크기를 비교합니다.
– 막대그래프와 그림그래프의 특징을 알고 자료의 특징에 알맞은 그래프로 나타냅니다.
– 규칙을 찾거나 표를 만들거나 예상과 확인으로 문제를 해결합니다.

● **지도 요점**
앞에서 학습한 덧셈과 뺄셈, 곱셈, 원, 나눗셈, 들이와 무게, 소수, 자료 정리, 규칙 찾기와 문제 해결을 총정리하는 주입니다. 여러 유형의 문제를 접해 보게 함으로써 아이가 학습한 지식을 응용할 수 있도록 지도합니다. 그리고 종료 테스트를 이용하여 주어진 시간 내에 모든 문제를 푸는 연습을 하도록 합니다.

★ 이름 :

★ 날짜 :

★ 시간 :   시   분 ~   시   분

확인

◆ 덧셈과 뺄셈 ◆

😀 다음을 계산하시오. [1~2]

1 6005+997

2 9125-879

😀 다음을 계산하시오. [3~4]

3
```
    5 8 3 4
  + 3 6 7 7
```

4
```
    6 1 2 0
  - 4 4 5 6
```

5 빈 곳에 두 수의 합을 써넣으시오.

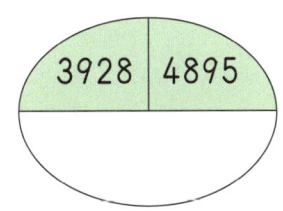

6 빈 곳에 알맞은 수를 써넣으시오.

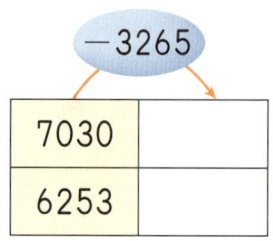

7030	
6253	

7 세 수의 합을 구하시오.

| 3674 | 1468 | 2958 |

[답]

8 빈 곳에 알맞은 수를 써넣으시오.

| 8225 | −1978 | | −2569 | |

 확인 학습

9 빈 곳에 알맞은 수를 써넣으시오.

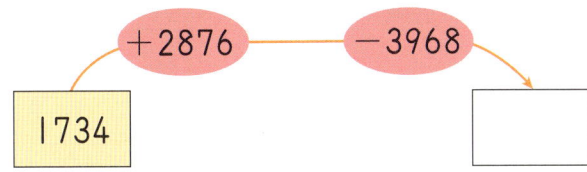

+2876   −3968

1734

10 계산 결과가 더 큰 것의 기호를 쓰시오.

ㄱ 9011−2374+1586
ㄴ 3183+1959+2899

[답]

11 야구장에 입장한 남자는 1925명, 여자는 1285명입니다. 입장한 사람은 모두 몇 명입니까?

[답]

확인 학습

12 주연이네 집에서 학교까지의 거리는 2478m, 주연이네 집에서 학교를 거쳐 공원까지의 거리는 8125m입니다. 학교에서 공원까지의 거리는 몇 m입니까?

[답]

13 지하철에 3002명이 타고 있습니다. 다음 역에서 1077명이 내리고, 985명이 탔습니다. 지금 지하철에 타고 있는 사람은 모두 몇 명입니까?

[답]

14 도서관에 동화책이 1065권 있고, 위인전은 동화책보다 368권 적게 있고, 소설책은 1778권 있습니다. 도서관에 있는 동화책, 위인전, 소설책은 모두 몇 권입니까?

[답]

✿ 이름 :

✿ 날짜 :

✿ 시간 :   시   분 ~   시   분

확인

◆ **곱셈** ◆

😃 다음을 계산하시오. [1~2]

1
```
    4 5 6
  ×     8
```

2
```
      3 9
  × 2 7
```

3 두 수의 곱을 빈 곳에 써넣으시오.

60	
49	

4 곱의 크기를 비교하여 ◯ 안에 >, =, <를 알맞게 써넣으시오.

316×2 ◯ 25×26

확인 학습

5 빈 곳에 알맞은 수를 써넣으시오.

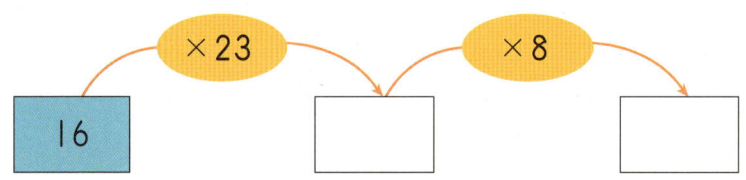

16 ×23 → ☐ ×8 → ☐

6 빈 곳에 알맞은 수를 써넣으시오.

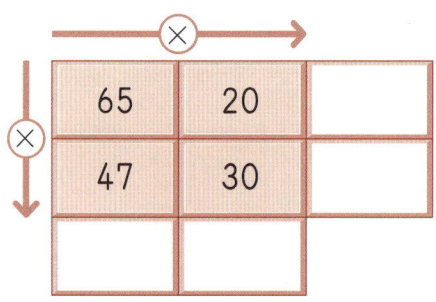

×		
65	20	
47	30	

7 가장 큰 수와 가장 작은 수의 곱을 구하시오.

30	54	49	21

[답]

확인 학습

8 계산이 잘못된 곳을 찾아 이유를 쓰고 바르게 고치시오.

		6	4
×		2	8
	5	1	2
1	2	8	
	7	4	0

➡

		6	4
×		2	8

[이유]

_____

_____

_____

9 곱이 큰 것부터 차례로 기호를 쓰시오.

㉠ 38 × 70   ㉡ 453 × 6   ㉢ 56 × 47

[답] _____

10 주선이네 학교의 3학년 학생은 283명입니다. 한 사람이 우유를 하루에 한 개씩 마시려면 5일 동안에는 우유가 몇 개 필요합니까?

[답] _____

확인 학습

11 운동장에 학생들이 24명씩 34줄로 서 있습니다. 운동장에 서 있는 학생들은 모두 몇 명입니까?

[답]

12 효정이는 동화책 한 권을 읽었습니다. 12일 동안은 하루에 20쪽씩 읽었고, 18일 동안은 하루에 25쪽씩 읽었습니다. 효정이가 30일 동안 읽은 동화책은 모두 몇 쪽입니까?

[답]

13 초콜릿을 한 사람에게 4개씩 129명에게 나누어 주었더니 13개가 남았습니다. 초콜릿은 모두 몇 개 있었습니까?

[답]

❀ 이름 :

❀ 날짜 :

❀ 시간 :　시　분 ~ 시　분

확인

◆ 원 ◆

1　원의 반지름은 몇 cm입니까?

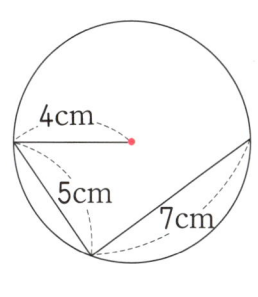

[답] _____

2　반지름이 7cm인 원의 지름은 몇 cm입니까?

[답] _____

3　컴퍼스를 사용하여 그림과 같이 그렸습니다. 컴퍼스의 침이 꽂혔던 자리
　는 몇 군데입니까?

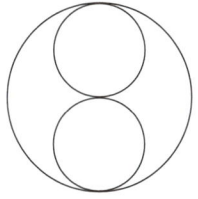

[답] _____

4 선분 ㄱㄴ의 길이는 몇 cm입니까?

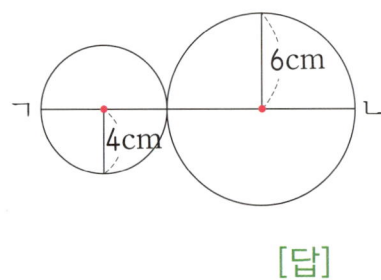

[답]

5 삼각형 ㄱㄴㄷ의 세 변의 길이는 몇 cm입니까?

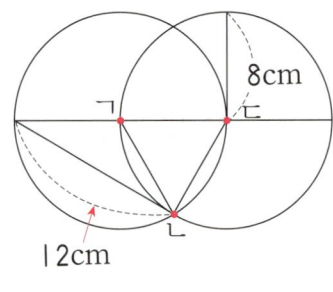

[답]

6 그림과 같이 직사각형 안에 크기가 같은 원 4개를 이어 붙여서 그렸습니다. 반지름이 6cm일 때 직사각형의 네 변의 길이의 합은 몇 cm입니까?

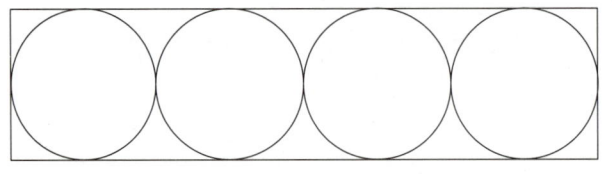

[답]

확인 학습

🌸 이름 :

🌸 날짜 :

🌸 시간 : 시 분 ~ 시 분

확인

◆ **나눗셈** ◆

 □ 안에 알맞은 수를 써넣으시오. [1~2]

1 90÷3 = ☐

2 84÷4 = ☐

3 큰 수를 작은 수로 나눈 몫을 빈 곳에 써넣으시오.

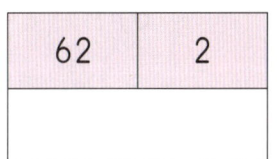

62	2

4 □ 안에 알맞은 수를 써넣으시오.

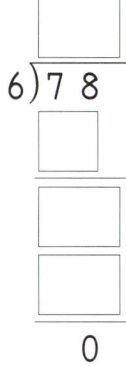

5 나눗셈의 몫의 크기를 비교하여 ○ 안에 >, =, < 를 알맞게 써넣으시오.

$$85 \div 3 \bigcirc 92 \div 4$$

6 나눗셈의 몫과 나머지를 각각 구하고, 검산하시오.

$$6\overline{)7\,1}$$

(검산) _____

7 다음 중 나누어떨어지는 것을 모두 찾아 기호를 쓰시오.

㉠ $37 \div 7$	㉡ $42 \div 6$
㉢ $62 \div 8$	㉣ $36 \div 4$

[답] _____

8 다음 검산식을 보고 나눗셈식을 쓰시오.

$$5 \times 7 + 3 = 38$$

(나눗셈식) ☐ ÷ ☐ = ☐ ··· ☐

9 나눗셈의 몫이 큰 것부터 차례로 기호를 쓰시오.

㉠ 59 ÷ 4　　㉡ 92 ÷ 7
㉢ 70 ÷ 6　　㉣ 37 ÷ 3

[답]

10 사과 36개를 한 바구니에 3개씩 담으려고 합니다. 바구니는 몇 개 필요합니까?

[답]

11 길이가 90cm인 색 테이프가 있습니다. 이 색 테이프를 7cm씩 자르면 몇 도막이 되고, 몇 cm가 남습니까?

[답] _____ 도막 , _____ cm

12 어떤 수를 6으로 나누었더니 몫이 13이고 나머지는 5였습니다. 어떤 수를 구하시오.

[답] _____

13 연필을 한 사람에게 7자루씩 8명에게 나누어 주었더니 4자루가 남았습니다. 연필은 모두 몇 자루입니까?

[답] _____

🌸 이름 :

🌸 날짜 :

🌸 시간 :　　　시　　분 ～ 　　시　　분

확인

◆ **들이와 무게** ◆

1 콜라병과 주전자에 물을 가득 채웠다가 모양과 크기가 같은 그릇에 담았더니 그림과 같이 되었습니다. 콜라병과 주전자 중 어느 것의 들이가 더 많습니까?

[답]

🐸 □ 안에 알맞은 수를 써넣으시오. [2~3]

2 2L 700mL = □ mL

3 6400mL = □ L □ mL

🐸 들이의 합과 차를 구하시오. [4~5]

4 　　3L 200mL
　　+5L 400mL

5 　　7L 800mL
　　−4L 300mL

확인 학습 ☕

6 ㉮, ㉯, ㉰ 그릇으로 물을 가득 채워 같은 양동이에 각각 물을 가득 채웠을
때, 부은 횟수가 다음과 같았습니다. 어느 그릇의 들이가 가장 많습니까?

그릇	㉮	㉯	㉰
부은 횟수	11번	8번	9번

[답]

7 소정이가 일주일 동안 마신 우유는 2L 50mL이고 현석이는 2500mL입
니다. 누가 일주일 동안 마신 우유가 더 많습니까?

[답]

8 3L 700mL의 물이 들어 있는 수조에 2L 400mL의 물을 더 부었습니
다. 수조에 들어 있는 물은 모두 몇 L 몇 mL입니까?

[답]

 확인 학습

9 자와 연필 중에서 어느 것이 클립 몇 개만큼 더 무거운지 빈 곳에 알맞게 써넣으시오.

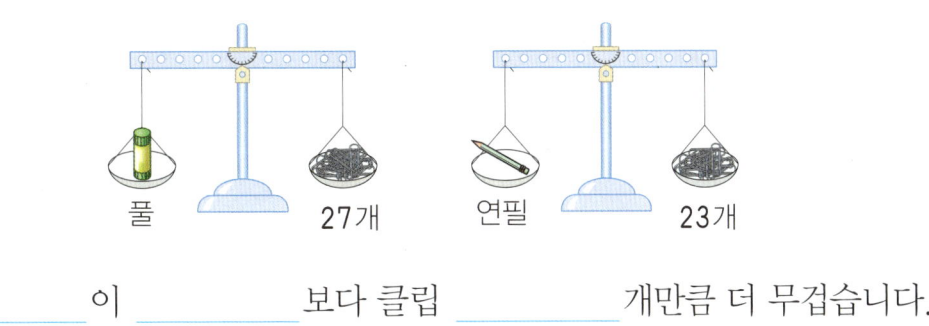

풀 　27개　　　연필 　23개

_____ 이 _____ 보다 클립 _____ 개만큼 더 무겁습니다.

10 무게를 비교하여 ○ 안에 ＞, ＝, ＜를 알맞게 써넣으시오.

4030g ○ 4kg 300g

무게의 합과 차를 구하시오. [11~12]

11　4kg 300g
　　 ＋3kg 600g

12　9kg 500g
　　 －1kg 200g

13 사과 한 상자의 무게를 재어 보았더니 3kg 200g이고, 감 한 상자의 무게를 재어 보았더니 3020g이었습니다. 사과 한 상자와 감 한 상자 중 어느 것이 더 무겁습니까?

[답]

14 선희는 무게가 4kg 300g인 책을 무게가 1kg 600g인 상자에 넣었습니다. 책을 넣은 상자의 무게는 몇 kg 몇 g입니까?

[답]

15 종국이의 몸무게는 32kg 400g입니다. 종국이가 강아지를 안고 저울에 올라갔더니 무게가 36kg 200g입니다. 강아지의 무게는 몇 kg 몇 g입니까?

[답]

✿ 이름 :

✿ 날짜 :

✿ 시간 :　시　분~　시　분

확인

◆ 소수 ◆

1 □ 안에 알맞은 소수를 써넣고 읽어 보시오.

$$\frac{7}{10} = \boxed{}$$ _____

 □ 안에 알맞은 소수를 써넣으시오. [2~3]

2 0.1이 8이면 $\boxed{}$ 입니다.

3 0.1이 49이면 $\boxed{}$ 입니다.

 □ 안에 알맞은 소수를 써넣으시오. [4~5]

4 9mm = $\boxed{}$ cm

5 7cm 3mm = $\boxed{}$ cm

 두 수의 크기를 비교하여 ○ 안에 >, =, <를 알맞게 써넣으시오. [6~7]

6 3.9 ◯ 4

7 0.1이 57개인 수 ◯ 0.1이 61개인 수

8 가장 큰 수와 가장 작은 수를 찾아 쓰시오.

| 2 | 3.7 | 1.5 | 0.9 |

(가장 큰 수) _____ , (가장 작은 수) _____

9 수의 크기를 비교하여 큰 수부터 차례로 쓰시오.

| 4.1 | 1.8 | 5 | 0.6 |

[답] _____

✿ 이름 :

✿ 날짜 :

✿ 시간 :　　시　　분 ~ 　시　　분

확인

◆ **자료 정리** ◆

🐸 윤호네 반 학생 32명이 좋아하는 과일을 조사하여 막대그래프로 나타낸 것입니다. 물음에 답하시오. [1~4]

좋아하는 과일별 학생 수

1 막대그래프에서 가로와 세로는 각각 무엇을 나타내고 있습니까?

(가로) _____ , (세로) _____

2 포도를 좋아하는 학생은 몇 명인지 막대그래프를 완성하시오.

3 많은 학생들이 좋아하는 과일부터 차례대로 이름을 쓰시오.

[답] _____

4 바나나를 좋아하는 학생은 포도를 좋아하는 학생보다 몇 명 더 많습니까?

[답] _____

🐸 가게별로 팔린 아이스크림 수를 조사하여 그림그래프로 나타낸 것입니다. 물음에 답하시오. [5~8]

가게별로 팔린 아이스크림 수

가게	아이스크림 수
호호	🍦🍦🍦🍨🍨🍨
두근	🍦🍨🍨🍨🍨🍨🍨🍨
왕창	🍦🍨🍨🍨🍨🍨🍨🍨
마니	🍨🍨🍨

🍦 10개
🍨 1개

5 그림그래프를 보고 표로 나타내시오.

가게별로 팔린 아이스크림 수

가게	호호	두근	왕창	마니	합계
아이스크림 수(개)					

6 아이스크림을 가장 많이 판 가게는 어디입니까?

[답]

7 아이스크림을 가장 적게 판 가게는 어디입니까?

[답]

8 아이스크림을 판 개수가 왕창 가게의 2배쯤 되는 가게는 어디입니까?

[답]

 확인 학습

★ 이름 :

★ 날짜 :

★ 시간 : 시 분 ~ 시 분

확인

◆ **규칙 찾기와 문제 해결** ◆

1 도형을 규칙적으로 배열하여 무늬를 꾸며 보시오.

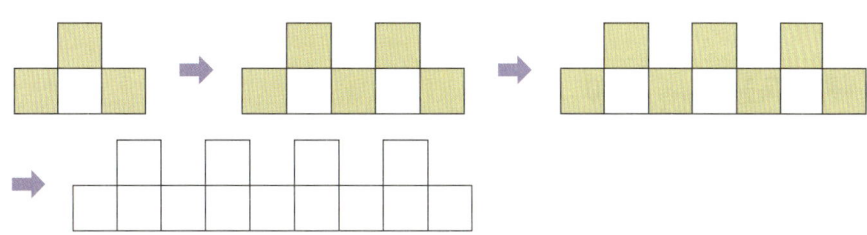

2 바둑돌을 그림과 같은 규칙으로 놓는다면 일곱 번째에는 바둑돌을 몇 개 놓아야 합니까?

[답]

3 어느 해 8월 5일은 토요일입니다. 그해 9월 12일은 무슨 요일입니까?

[답]

확인 학습

4 진선이가 가진 바둑돌은 모두 20개입니다. 흰 바둑돌이 검은 바둑돌보다 6개 더 많습니다. 흰 바둑돌과 검은 바둑돌은 각각 몇 개인지 표를 만들어 구하시오.

흰 바둑돌(개)	20	19					
검은 바둑돌(개)	0						

(흰 바둑돌) _____ , (검은 바둑돌) _____

5 □ 안에 알맞은 수를 써넣으시오.

```
        7 □
    ×   6 2
   ─────────
      1 □ 0
    □ □ 0
   ─────────
    4 6 □ 0
```

6 가로, 세로의 합이 모두 45가 되도록 빈칸에 알맞은 수를 써넣으시오.

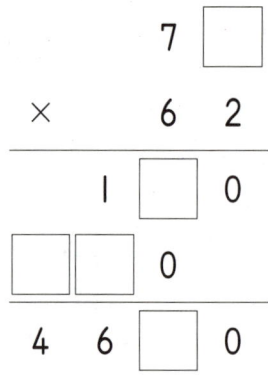

12	19	
		13
16		

★ 이름 :

★ 날짜 :

★ 시간 :   시   분 ~   시   분

🌐 창의력 학습

마방진은 악마를 물리치는 정사각형을 의미합니다. 악마가 이것을 보았을 때 어느 방향으로 더해도 같은 수가 나와 눈이 빙빙 돌아서 도망가야겠다는 생각이 들게 한다고 하여 중국에서는 대문이나 방문에 마방진 그림을 붙여 두었습니다. 서양에서도 마방진을 매직 스퀘어(마법의 사각형)이라고 부릅니다.

1부터 9까지의 수로 가로, 세로, ✕방향으로 세수의 합이 같도록 하여 악마를 물리치는 마법의 사각형을 만들어 보시오.

사람이 한 번 지나간 후 계속해서 40분 동안 불이 켜지는 가로등이 있습니다. 10시간 동안 이 가로등에 불이 들어 오도록 가장 적은 수의 사람이 지나가려면 몇 명이 지나가야 합니까?

[답]

✿ 이름 :

✿ 날짜 :

✿ 시간 :　　시　　분 ~　　시　　분

확인

✚ 경시대회 예상문제

1 ☐ 안에 들어갈 수 있는 수 중에서 가장 작은 세 자리 수를 구하시오.

$$4387 + 859 + 1975 < 7000 + \square$$

[답]

서술형·논술형

2 어떤 수에 795를 더한 후 2286을 빼야 할 것을 잘못하여 795를 뺀 후 2286을 더하였더니 3251이 되었습니다. 바르게 계산하면 얼마인지 풀이 과정을 쓰고 답을 구하시오.

[답]

3 ☐ 안에 알맞은 수를 써넣으시오.

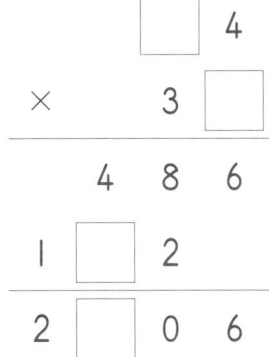

4 크기가 같은 원 8개를 서로 원의 중심이 지나도록 겹쳐서 그린 것입니다. 직사각형 ㄱㄴㄷㄹ의 네 변의 길이의 합을 구하시오.

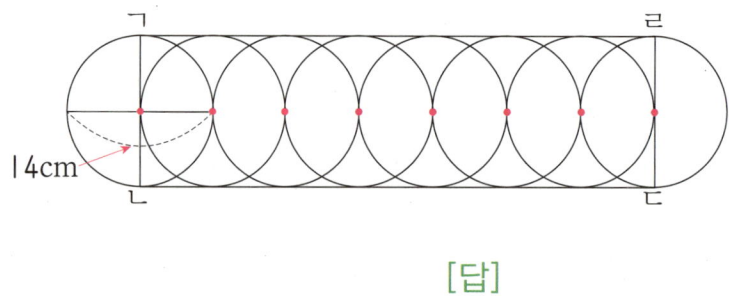

14cm

[답] _____

![서술형·논술형]

5 6 , 5 , 2 , 8 4장의 숫자 카드를 한 번씩 사용하여 (두 자리 수)× (두 자리 수)의 식 중에서 곱이 가장 큰 곱셈식을 만들려고 합니다. 풀이 과정을 쓰고 곱셈식으로 나타내시오.

_____

_____

[식] _____

6 ★에 들어갈 수 있는 수 중에서 가장 큰 수를 구하시오.

$$★ \div 6 = 7 \cdots ●$$

[답] _____

7 어떤 수를 8로 나누었더니 몫이 6이고 나머지가 3이었습니다. 어떤 수를 7로 나누면 몫과 나머지는 각각 얼마입니까?

(몫) _____ , (나머지) _____

8 ㉮ 그릇의 들이는 ㉯ 그릇의 들이의 3배이고, ㉯ 그릇의 들이는 ㉰ 그릇의 들이의 2배입니다. ㉮, ㉯, ㉰ 그릇으로 각각 한 번씩 물을 가득 담아 들이가 9L인 통에 가득 채웠습니다. ㉰ 그릇의 들이는 몇 L입니까?

[답] _____

9 수박 1통의 무게는 귤 9개의 무게와 같고, 귤 5개의 무게는 배 2개의 무게와 같습니다. 배 1개의 무게가 500g일 때, 수박 1통의 무게는 몇 kg 몇 g입니까?

[답] _____

10 주어진 조건에 맞는 소수 한 자리 수는 얼마입니까?

> • 0.1과 0.9 사이의 수입니다.
>
> • $\dfrac{6}{10}$보다 큰 수입니다.
>
> • 0.8보다 작은 수입니다.

[답]

11 과수원별 포도 생산량을 조사하여 나타낸 그림그래프입니다. 전체 포도를 4kg씩 상자에 넣어서 팔려고 합니다. 상자는 모두 몇 개가 필요합니까?

과수원별 포도 생산량

과수원	생산량
가	🍇🍇🍇🍇🍇
나	🍇🍇🍇🍇🍇🍇🍇
다	🍇🍇🍇
라	🍇🍇🍇🍇🍇🍇🍇🍇🍇

 🍇 10kg
🍇 1kg

[답]

12 80cm인 막대를 두 도막으로 잘랐습니다. 잘려진 막대를 서로 대어 보았더니 짧은 쪽이 긴 쪽보다 8cm 짧았습니다. 긴 쪽 막대의 길이는 몇 cm입니까?

[답]

□ 20~18문항 : Ⓐ 아주 잘함   학습한 교재에 대한 성취도가 매우 높습니다. ➡ 다음 단계인 H1로 진행하십시오.
□ 17~15문항 : Ⓑ 잘함   학습한 교재에 대한 성취도가 충분합니다. ➡ 다음 단계인 H1로 진행하십시오.
□ 14~12문항 : Ⓒ 보통   다음 단계로 나가는 능력이 약간 부족합니다. ➡ G6을 복습한 다음 H1로 진행하십시오.
□ 11문항 이하 : Ⓓ 부족함   다음 단계로 나가기에는 능력이 아주 부족합니다. ➡ G6을 처음부터 다시 학습하십시오.

1 두 수의 합과 차를 구하시오.

5134	2878

(합) _____ , (차) _____

2 놀이 동산에 어른과 어린이가 모두 3124명이 입장하였습니다. 그중 어른이 1237명이고 여자 어린이가 898명입니다. 남자 어린이는 몇 명입니까?

[답] _____

3 두 수의 곱을 빈칸에 써넣으시오.

432	6

4 한 시간에 인형을 **34**개 만드는 공장이 있습니다. 이 공장에서 **15**시간 동안 만들 수 있는 인형은 모두 몇 개입니까?

[답]

5 그림에서 가장 작은 원의 반지름이 **6cm**일 때 가장 큰 원의 지름은 몇 cm 입니까?

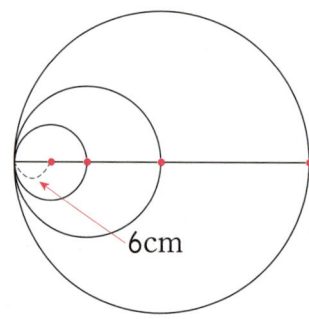

6cm

[답]

6 삼각형 ㄱㄴㄷ의 세 변의 길이의 합은 몇 cm입니까?

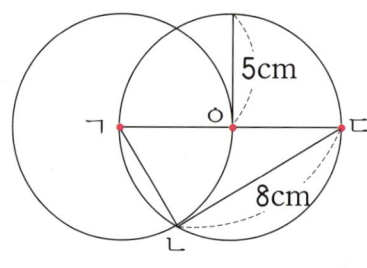

5cm

ㄱ   ㅇ   ㄷ

8cm

ㄴ

[답]

7 나눗셈의 몫과 나머지를 각각 구하고, 검산하시오.

$$95 \div 6$$

(몫) _____ , (나머지) _____

(검산) _____

8 공책 46권이 있습니다. 공책을 한 명에게 3권씩 나누어 주려고 합니다. 공책을 몇 명에게 나누어 줄 수 있고, 남는 공책은 몇 권입니까?

[답] _____

9 어떤 수에 5를 더한 후에 6으로 나누었더니 몫이 11이고 나머지가 3이었습니다. 어떤 수는 얼마입니까?

[답] _____

10 들이의 합과 차를 구하시오.

$$3L\ 800mL \qquad 1L\ 600mL$$

(합) _____ , (차) _____

11 영철이네 집에 물이 5L 600mL 있었습니다. 그중에서 3L 500mL를 마셨습니다. 남아 있는 물은 몇 L 몇 mL입니까?

[답]

12 무게의 크기를 비교하여 무거운 것부터 차례대로 기호를 쓰시오.

> ㉠ 3kg 90g   ㉡ 3300g
> ㉢ 3030g   ㉣ 3kg 900g

[답]

13 ☐ 안에 알맞은 수나 말을 써넣으시오.

> 0.1이 52개이면 ☐ 이고 ☐ 라고 읽습니다.

14 학교에서 명호네 집까지의 거리는 0.9km이고 희수네 집까지의 거리는 1.1km입니다. 학교에서 누구네 집이 더 가깝습니까?

[답]

호준이네 반 학생들이 좋아하는 운동을 조사하여 표로 나타낸 것입니다. 물음에 답하시오. [15~17]

운동별 학생 수

운동	농구	축구	야구	배구	합계
학생 수(명)	8	10	11	6	35

15 표를 보고 막대그래프를 그려 보시오.

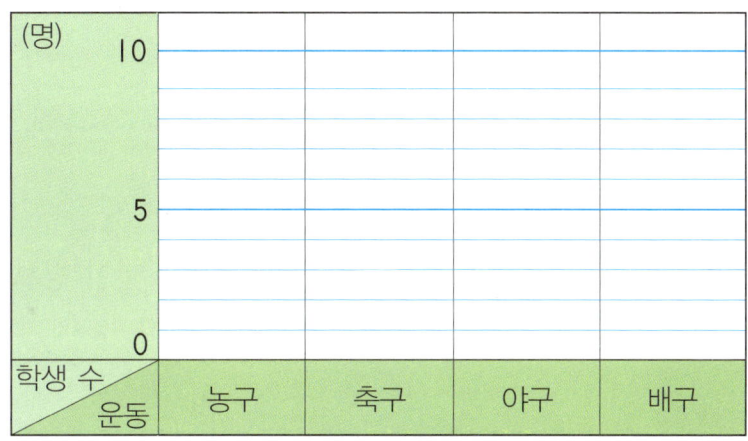

16 표를 보고 그림그래프를 그려 보시오.

운동별 학생 수

운동	학생 수
농구	
축구	
야구	
배구	

😊 10명
🙂 1명

17 많은 학생들이 좋아하는 운동부터 차례대로 쓰시오.

[답]

18 바둑돌을 그림과 같은 규칙으로 놓는다면 여섯 번째에 놓인 바둑돌은 몇 개입니까?

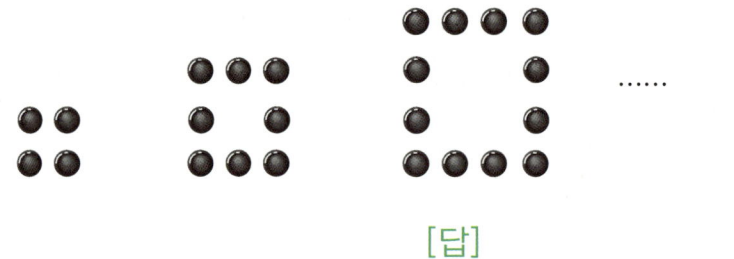

[답]

19 재우는 재활용 캔과 병을 모두 19개 모았습니다. 캔이 병보다 9개 더 많다면 캔과 병은 각각 몇 개씩입니까?

(캔) _____ , (병) _____

20 11부터 19까지의 수를 한 번씩 사용하여 가로, 세로의 세 수의 합이 모두 같게 하려고 합니다. 빈칸에 알맞은 수를 써넣으시오.

11		19
	17	
		14

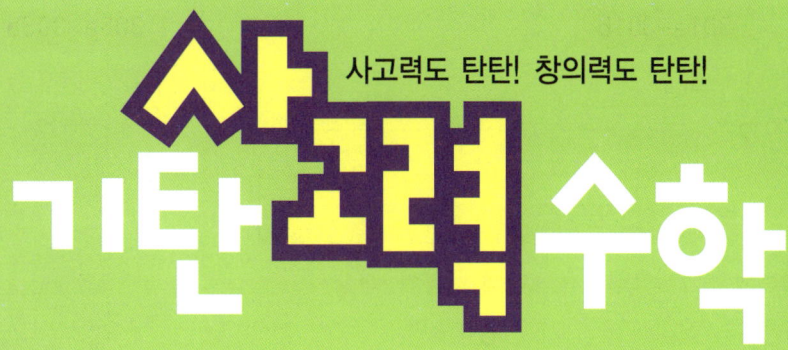

사고력도 탄탄! 창의력도 탄탄!

기탄 사고력 수학 해답

G301a~G360b

해답은 따로 보관하고 있다가
채점할 때 사용해 주세요.

301a~301b

1 5, 1

2
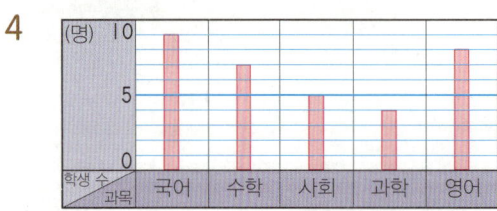

3 막대그래프   4 과일, 학생 수

5 7명   6 8명

7 38명

302a~302b

1 12, 11, 8, 9, 40

2 위인전   3 동화책

4 위인전, 과학책, 만화책, 동화책

5 37명   6 축구

7 7명

303a~303b

1 학생 수, 애완동물 2 강아지

3 금붕어   4 30명

5 현서, 주아, 지희, 영애, 철민

6 40권   7 2권

8 주아, 현서

304a~304b

1

2 꽃, 학생 수   3 9칸

4

5 1명   6 33명

305a~305b

1 〈윗몸일으키기 한 횟수〉
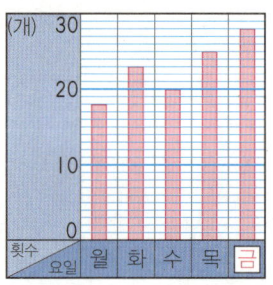

2 금요일   3 월요일

4
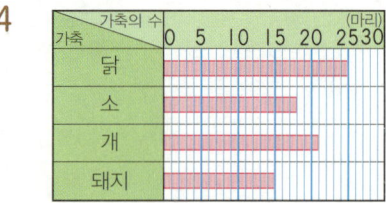

5 가축의 수, 가축   6 닭

306a~306b

1

마을	학생 수
무지개	😊😊😊😊😊 😊😊😊😊
흰구름	😊😊😊😊😊 😊
찬우물	😊😊😊 😊😊
아름	😊😊😊😊

2 10명   3 1명

4 100상자   5 10상자

6 1370상자

307a~307b

1 53, 49, 56, 60, 218

2 4반   3 2반

4 4kg

5 환희 스포츠센터, 우람 스포츠센터, 가람
   스포츠센터, 튼튼 스포츠센터

6 280명

7 환희 스포츠센터

308a~308b

1 2가지

2

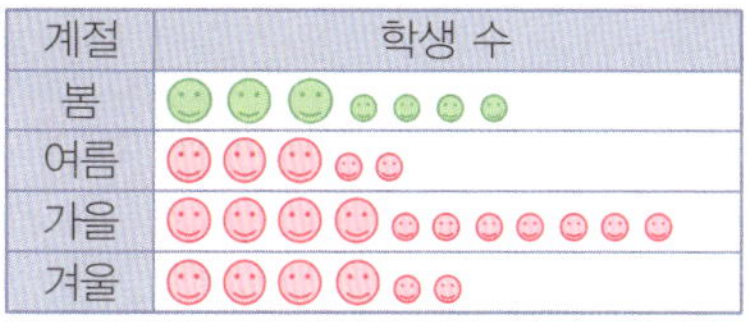

3

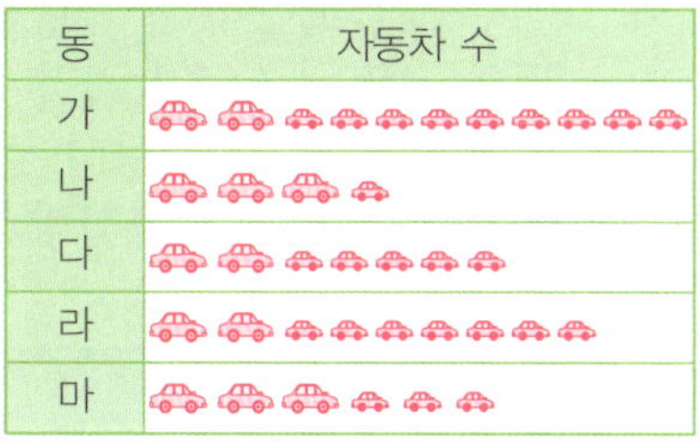

4 145대　　　**5** 마 동

309a~309b

1

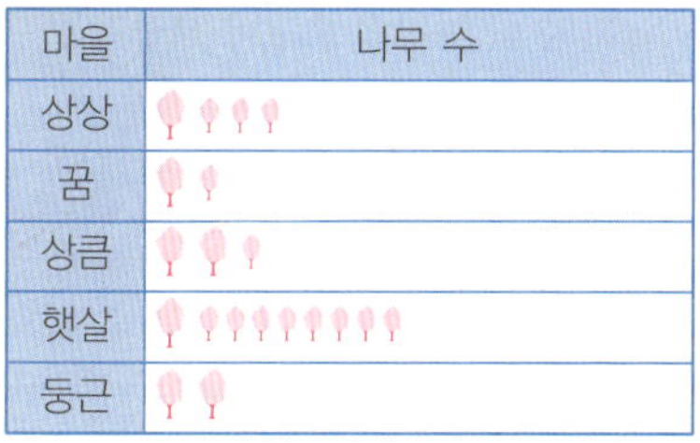

2 200그루

3 상큼 마을, 둥근 마을, 햇살 마을,
상상 마을, 꿈 마을

4

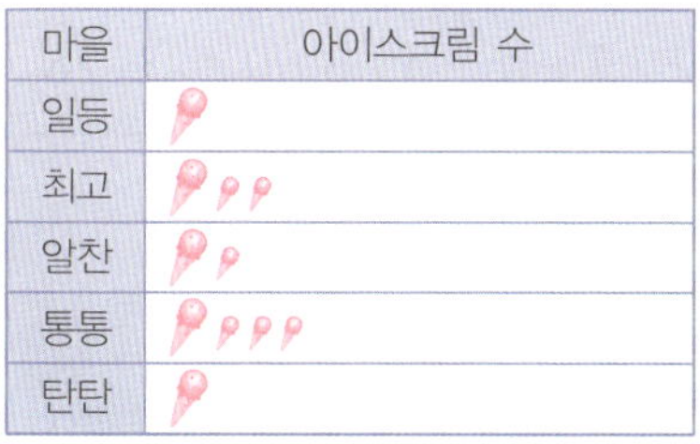

5 통통 가게

6 일등 가게, 알찬 가게, 탄탄 가게

310a~310b

1 막대그래프

2

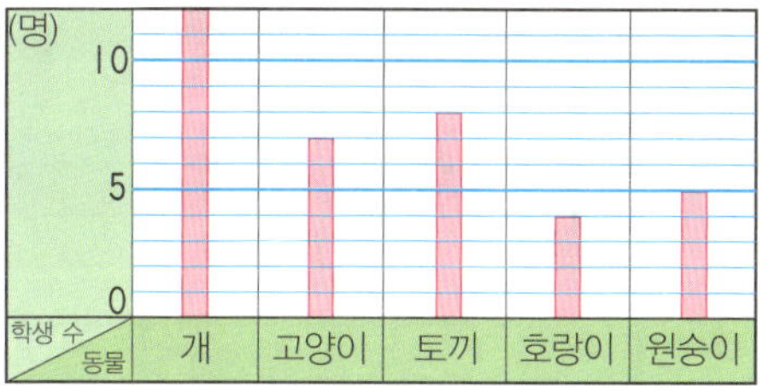

3 그림그래프

4

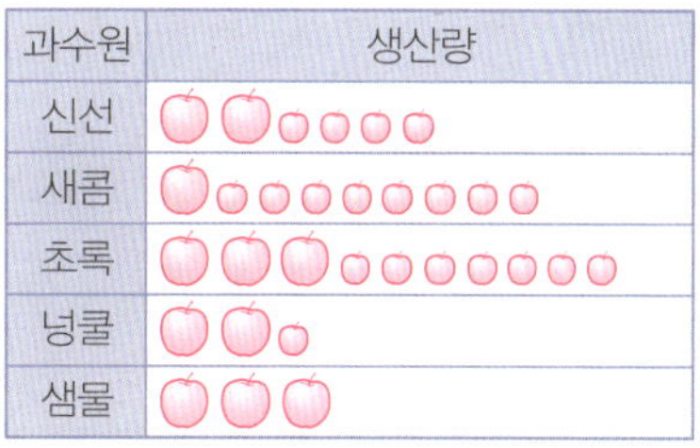

311a~311b

1

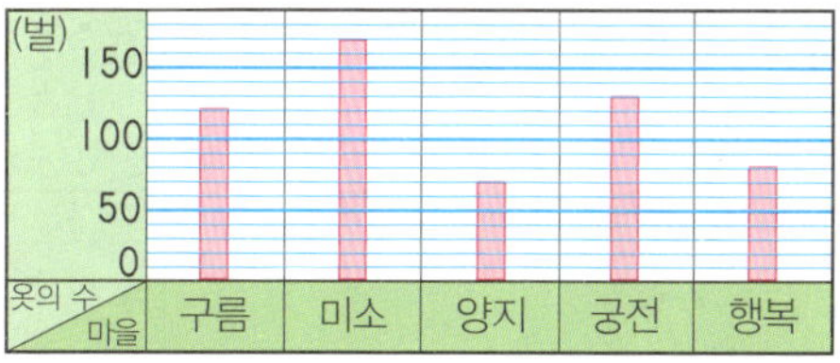

2 행복 마을　　　**3** 궁전 마을

4

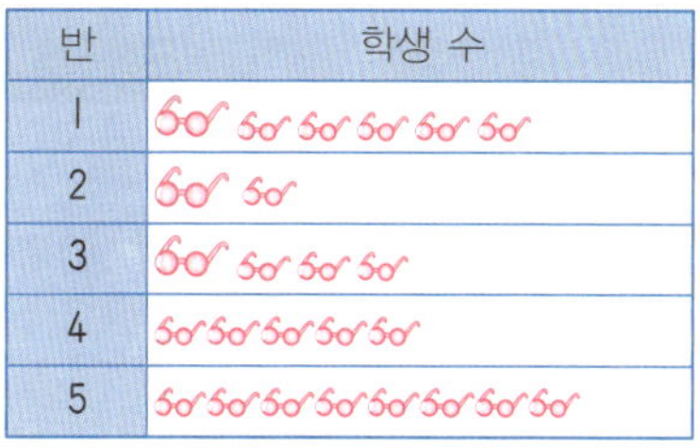

5 4반　　　**6** 1반

312a~312b

1

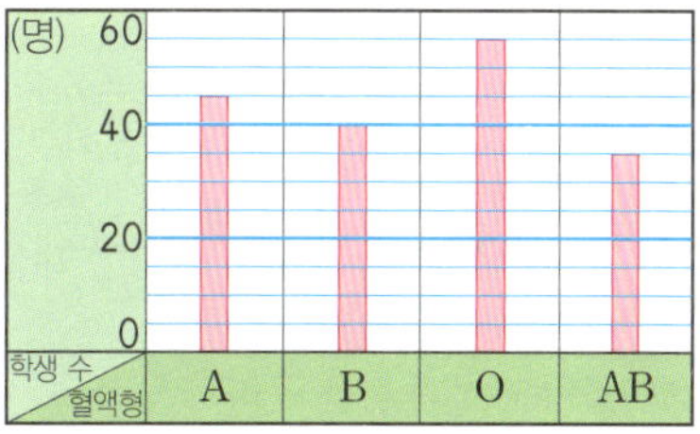

2

혈액형	학생 수
A	☺☺☺☺☺☺☺☺
B	☺☺☺☺☺
O	☺☺☺☺☺☺☺☺☺☺
AB	☺☺☺

3

(포기)
알뜰: 약 120, 가득: 200, 듬뿍: 200, 행복: 170

4

채소 가게	배추의 수
알뜰	◎ ○○
가득	◎○
듬뿍	◎ ○ ○○○○
행복	◎ ○○○○○○○

313a~313b 창의력 학습

a I / 00 / I, 30 / 0, 30 / I, 00 / 2, 00 / 3, 00 / 2, 30

(시간)
월: 1시간, 화: 1시간 30분, 수: 30분, 목: 1시간, 금: 2시간, 토: 3시간, 일: 2시간 30분

b 행복동

풀이 신나동: 217명, 재미동: 209명, 웃음동: 198명, 행복동: 253명

314a~315b 경시대회 예상문제

1 국어: 15명, 음악: 21명, 체육: 24명, 영어: 31명
미술: 100−(15+21+24+31)=9(명)
[답] 9명

평가 기준

상	각 과목의 학생 수를 구하고 답을 바르게 구한 경우
중	각 과목의 학생 수를 구했지만 계산을 잘못하여 답이 틀린 경우
하	풀이 과정과 답을 구하지 못한 경우

2 국어, 미술

3 22명

풀이 학생 수가 가장 많은 과목: 영어 31명
학생 수가 가장 작은 과목: 미술 9명
차: 31−9=22(명)

4 나 농장: 250kg, 라 농장: 250kg
가와 다 농장의 고구마 생산량의 합은 900−250−190=460(kg)입니다. 가와 다 농장의 고구마 생산량이 같으므로 가와 다 농장의 고구마 생산량은 각각 230kg입니다.

[답]

농장	생산량
가	○○・・・
나	○○○・・・・・
다	○○・・・
라	○・・・・・・・・

평가 기준

상	가와 다 농장의 고구마 생산량을 구하고 그림그래프를 바르게 그린 경우
중	가와 다 농장의 고구마 생산량은 구했지만 그림그래프를 바르게 그리지 못한 경우
하	풀이 과정과 답을 구하지 못한 경우

5 나 농장

6 40kg

풀이 (다와 라 농장의 생산량의 차)
=230−190=40(kg)

7 (위에서부터)
II / 7 / 16 / 5 / 3 / 0 / 28, 26, 54

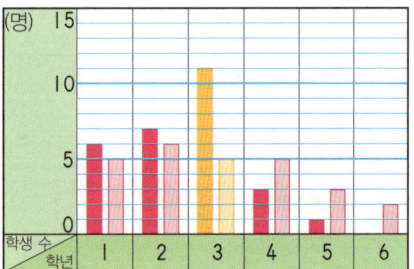

(명)
학년별 학생 수 그래프

8 100m

풀이 0에서 1km까지 10칸으로 나누어져 있으므로 눈금 한 칸의 크기는 0.1km=100m입니다.

9 1km 800m

풀이 터미널까지의 거리는
0.9km＝900m이므로
공원까지의 거리는
900m＋900m＝1800m
＝1km 800m입니다.

10 500m

풀이 병원까지의 거리가 1500m이므로
1500의 $\frac{1}{3}$은 500m입니다.

316a~316b

1 예 뒤집기

2 예

3 예

4 예

5 예

6 예

317a~317b

1 예

2 예

3 예

4 예

5 예

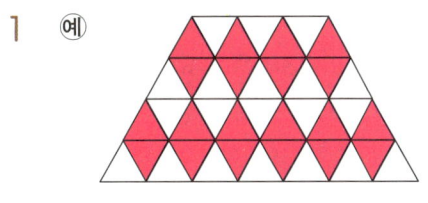

6 예

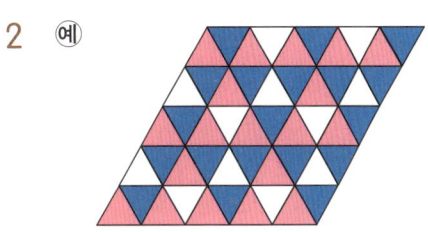

318a~318b

1 예

2 예

3

4

5

319a~319b

1 목요일

2 7일

3 8일, 15일, 22일, 29일

4 금요일

5 화요일

6 2일, 9일, 16일, 23일

7 수요일

풀이 4월 16일은 화요일이므로 1일 후인
17일은 수요일입니다.

8 토요일

풀이 4월 9일은 화요일이므로 3일 전인
6일은 토요일입니다.

※해답은 따로 보관하고 있다가 채점할 때 사용해 주세요.

320a~320b

1 토요일

풀이 6월 30일은 화요일이므로 7월 1일은 수요일입니다. 7월 1+7=8(일)이 수요일이므로 3일 후인 11일은 토요일입니다.

2 수요일

풀이 4월 30일은 월요일이므로 5월 1일은 화요일입니다.
5월 1+7+7+7=22(일)이 화요일이므로 1일 후인 23일은 수요일입니다.

3 화요일

풀이 11월 1일이 목요일이므로 10월 31일은 수요일입니다. 10월 31-7-7-7=10(일)이 수요일이므로 1일 전인 9일은 화요일입니다.

4 9시 50분   5 10시 40분

6 11시 30분   7 12시 20분

321a~321b

1 빨간색

2 초록색

풀이 3가지 색이 순서대로 반복되는 규칙입니다. 12÷3=4이므로 12번째에는 세 번째와 같은 초록색 불이 켜집니다.

3 빨간색

풀이 22÷3=7···1이므로 22번째에는 첫 번째와 같은 빨간색 불이 켜집니다.

4

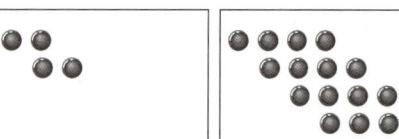

풀이 첫 번째: 1×1=1(개)
세 번째: 3×3=9(개)
다섯 번째: 5×5=25(개)
따라서 두 번째: 2×2=4(개),
네 번째: 4×4=16(개)입니다.

5 1시간 50분   6 30분

7 9시

풀이 3회 영화 시작 시각:
6시 10분+30분=6시 40분
3회 영화 종료 시각:
6시 40분+1시간 50분=8시 30분
4회 영화 시작 시각:
8시 30분+30분=9시

8 오전 11시 10분

풀이 여섯 번째 떡은 20×5=100분
=1시간 40분 후에 나옵니다.
따라서 오전 9시 30분+1시간 40분
=오전 11시 10분에 나옵니다.

322a~322b

1 6개

2 2개

풀이 100원짜리 동전이 5개이면 500원이고 남은 돈이 100원이므로 50원짜리 동전 2개가 필요합니다.

3

100원짜리(개)	6	5	4	3	2	1	0
50원짜리(개)	0	2	4	6	8	10	12

4 7가지

5

파란색 구슬(개)	16	15	14	13	12	11	10	9
빨간색 구슬(개)	0	1	2	3	4	5	6	7

6 9개, 7개

7

귤(개)	0	1	2	3	4	5
감(개)	14	13	12	11	10	9

8 4개, 10개

323a~323b

1

100원짜리(개)	5	4	3	2	1	0
50원짜리(개)	0	2	4	6	8	10

6가지

2

100원짜리(개)	7	6	5	4	3	2	1	0
50원짜리(개)	0	2	4	6	8	10	12	14

8가지

3

500원짜리(개)	6	5	4	3	2	1	0
100원짜리(개)	0	5	10	15	20	25	30

7가지

4

흰 바둑돌(개)	18	17	16	15	14	13	12	11
검은 바둑돌(개)	0	1	2	3	4	5	6	7

13개, 5개

5

당근(개)	0	1	2	3	4	5	6	7
오이(개)	15	14	13	12	11	10	9	8

6개, 9개

6

개(마리)	0	1	2	3	4	5
닭(마리)	12	11	10	9	8	7

5마리, 7마리

324a~324b

1

희선이가 이긴 횟수(번)	9	10	11	12	13
진규가 이긴 횟수(번)	8	7	6	5	4

2 11번

3

연필(자루)	12	9	6	3
형광펜(자루)	1	2	3	4

4 4가지

5

희정이의 나이(살)	5	6	7	8	9	10	11	12
동생의 나이(살)	2	3	4	5	6	7	8	9

6 10살, 7살

7

영규의 나이(살)	1	2	3	4	5	6	7	8
형의 나이(살)	19	18	17	16	15	14	13	12

8 8살, 12살

325a~325b

1 2, 7

2 2, 72 / 7, 252

3 7

4 14, 12, 13

5 ㉡, ㉠

풀이 ㉠, ㉡, ㉢에 더해진 수를 비교하면 14>13>12이므로 ㉡에 가장 큰 수, ㉠에 가장 작은 수를 넣습니다.

6 1, 3, 2

326a~326b

1 8

풀이 8×□의 일의 자리 숫자는 4이므로 □는 3 또는 8입니다.
78×3=234, 78×8=624
따라서 □ 안에 들어갈 수는 8입니다.

2 9

풀이 □4×4=376에서 □×4=36이므로 □=9입니다.

3 (위에서부터) 3, 2

풀이

$$
\begin{array}{r}
5\ ㉠ \\
\times\quad ㉡\ 7 \\
\hline
3\ 7\ 1 \\
1\ 0\ 6 \\
\hline
1\ 4\ 3\ 1
\end{array}
$$

㉠×7의 일의 자리 숫자는 1이므로 ㉠=3입니다.
53×㉡=106이므로 ㉡=2입니다.

4 (위에서부터) 4, 2, 6, 8

풀이

$$
\begin{array}{r}
3\ ㉠ \\
\times\quad ㉡\ 9 \\
\hline
3\ 0\ 6 \\
㉢\ ㉣ \\
\hline
9\ 8\ 6
\end{array}
$$

㉠×9의 일의 자리 숫자는 6이므로 ㉠=4입니다.
306+㉢㉣0=986,
㉢㉣0=680이므로 ㉢=6, ㉣=8입니다.
34×㉡=68이므로 ㉡=2입니다.

5 (위에서부터) 4, 9, 1, 2, 7

풀이

$$
\begin{array}{r}
6\ ㉠ \\
\times\quad 2\ 3 \\
\hline
1\ ㉡\ 2 \\
㉢\ ㉣\ 8 \\
\hline
1\ 4\ ㉤\ 2
\end{array}
$$

㉠×3의 일의 자리 숫자는 2이므로 ㉠=4입니다.
64×3=192이므로 ㉡=9입니다.
64×2=128이므로 ㉢=1, ㉣=2입니다.
192+1280=1472이므로 ㉤=7입니다.

6 (위에서부터) 2, 7, 3, 4, 5, 7

 풀이

$$
\begin{array}{r}
8\ 5 \\
\times\quad 4\ \text{㉠} \\
\hline
1\ \text{㉡}\ 0 \\
\text{㉢}\ \text{㉣}\ 0 \\
\hline
3\ \text{㉤}\ \text{㉥}\ 0
\end{array}
$$

$85 \times \text{㉠}=1\text{㉡}0$이
므로 ㉠=2입니다.
$85 \times 2 = 170$이므
로 ㉡=7입니다.
$85 \times 4 = 340$이므
로 ㉢=3, ㉣=4
입니다.

$170 + 3400 = 3570$이므로 ㉤=5, ㉥=7

7 (위에서부터) 1, 2, 3

$5 + \text{㉠} + 9$
　$= 9 + \text{㉡} + 4$
　$= 5 + 7 + \text{㉢}$
㉠$+14=$㉡$+13$
　　　$=$㉢$+12$

따라서 ㉠=1, ㉡=2, ㉢=3입니다.

8 (위에서부터) 5, 6, 4

$7 + 3 + \text{㉠}$
　$= 7 + \text{㉡} + 2$
　$= 2 + \text{㉢} + 9$
㉠$+10=$㉡$+9$
　　　$=$㉢$+11$

따라서 ㉠=5, ㉡=6, ㉢=4입니다.

9 (위에서부터) 7, 13, 12, 3

㉠	8	15
㉡	5	㉢
10	17	㉣

㉠$+8+15=30$, ㉠$=7$
$7+$㉡$+10=30$, ㉡$=13$
$13+5+$㉢$=30$, ㉢$=12$
$10+17+$㉣$=30$, ㉣$=3$

327a~327b

1 42쪽, 43쪽

2 또는

	1	
2	3	4
	5	

	1	
4	3	2
	5	

3 또는

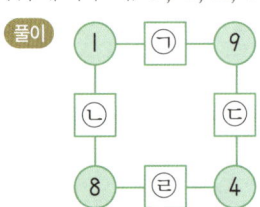

	3	
2	1	5
	4	

	4	
2	1	5
	3	

4 (위에서부터) 5, 6, 2, 3

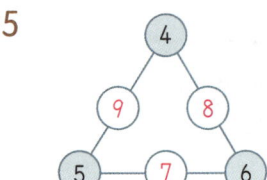

$1 + \text{㉠} + 9 = 1 + \text{㉡} + 8$
　　　　$= 9 + \text{㉢} + 4$
　　　　$= 8 + \text{㉣} + 4$,
㉠$+10=$㉡$+9=$㉢$+13=$㉣$+12$
따라서 ㉠=5, ㉡=6, ㉢=2, ㉣=3입니다.

5

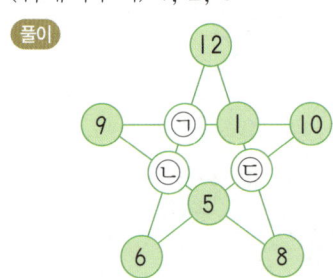

6 예

5	1	9
3	8	4
7	6	2

7 (위에서부터) 4, 2, 3

풀이

$9 + \text{㉠} + 1 + 10 = 9 + \text{㉡} + 5 + 8$
　　　　　　　$= 12 + 1 + \text{㉢} + 8$,
㉠$+20=$㉡$+22=$㉢$+21$
㉠에 가장 큰 수, ㉡에 가장 작은 수를 넣
습니다.
따라서 ㉠=4, ㉡=2, ㉢=3입니다.

328a~328b 창의력 학습

a

12	4	16
6	8	2
2	7	14

풀이 규칙은 다음과 같습니다.

㉠×㉢	㉢×㉡ − ㉠×㉢	㉢×㉡
㉠	㉡	㉢×㉡ − ㉢×㉣
㉢	㉣	㉢×㉣

b 49

풀이 ★은 가장 마지막에 쓰여질 수입니다. 가로, 세로 7칸씩 모두 49까지 쓸 수 있으므로 가장 마지막에 쓰여질 수는 49입니다.

329a~330b 경시대회 예상문제

1 예

2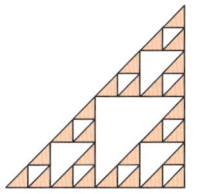

3 6

풀이 ★×★의 일의 자리 숫자는 ★이므로 ★은 1 또는 5 또는 6입니다.
555×5=2775, 666×6=3996
따라서 ★=6입니다.

4 월요일

풀이 12월 4일은 목요일이므로 4일 전인 11월 30일은 일요일입니다. 11월 30−7−7−7−7=2(일)도 일요일이므로 2일 전인 10월 31일은 금요일입니다.
10월 31−7−7=17(일)이 금요일이므로 3일 후인 10월 20일은 월요일입니다.

5 검은색

풀이 검은 바둑돌은 1개, 2개, 3개, ……로 놓이고 흰 바둑돌은 검은 바둑돌 사이에 2개씩 놓이는 규칙입니다.
1+2+2+2+3+2+4+2=18(번째)는 검은 바둑돌이 놓이고 그 다음 5개가 검은 바둑돌이므로 20번째에도 검은 바둑돌이 놓입니다.

6 흰 바둑돌은 두 번째부터 1개씩 늘어나는 규칙이고 검은 바둑돌은 2개씩 늘어나는 규칙입니다. 따라서 11번째에는 흰 바둑돌은 10개가 놓이고 검은 바둑돌은 3+2×10=23(개)가 놓입니다. 따라서 검은 바둑돌이 23−10=13(개) 더 많이 놓입니다.
[답] 검은색, 13개

평가 기준	
상	흰 바둑돌과 검은 바둑돌의 수를 구하고 답을 바르게 구한 경우
중	흰 바둑돌과 검은 바둑돌의 수를 구했지만 답이 틀린 경우
하	풀이 과정과 답을 구하지 못한 경우

7 예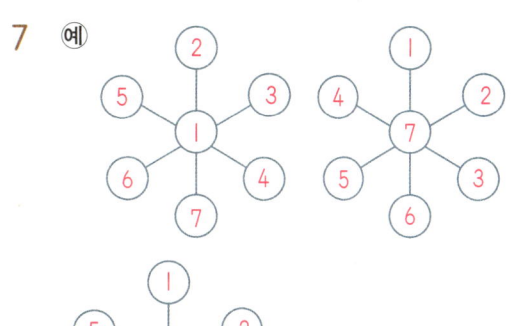

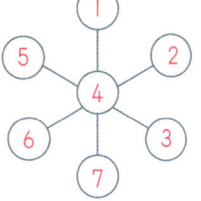

8 예 표를 만들어서 구하면

긴 쪽(cm)	35	36	37	38	39
짧은 쪽(cm)	35	34	33	32	31
차(cm)	0	2	4	6	8

따라서 긴 쪽 막대의 길이는 39cm입니다.
[답] 39cm

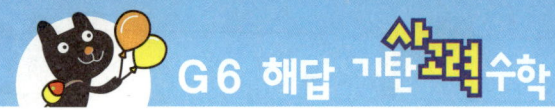

평가 기준

상	풀이 과정과 답을 바르게 구한 경우
중	풀이 과정은 맞지만 답이 틀린 경우
하	풀이 과정과 답을 구하지 못한 경우

9 4마리, 11마리

풀이 개의 다리는 4개이고, 오리의 다리는 2개입니다.

개(마리)	1	2	3	4
오리(마리)	14	13	12	11
다리 수(개)	32	34	36	38

따라서 개는 4마리, 오리는 11마리입니다.

10 2, 4

풀이 $6 \times \blacksquare$의 일의 자리 숫자가 $\blacksquare$인 경우는 $\blacksquare$가 2, 4, 6, 8일 경우입니다. $76 \times 2 = 152$, $76 \times 4 = 304$, $76 \times 6 = 456$, $76 \times 8 = 608$이므로 $\blacksquare = 4$입니다. $76 \times \bullet = 15\bullet$이므로 $\bullet = 2$입니다.

11 63

풀이 한 수를 30이라 예상하면 다른 한 수는 31입니다. $30 \times 31 = 930$이므로 두 수 중 한 수는 30보다 큽니다. 한 수를 31이라 예상하면 다른 한 수는 32입니다. $31 \times 32 = 992$입니다. 따라서 두 수의 합은 $31 + 32 = 63$입니다.

12 4일 후

풀이 표를 만들어서 알아보면

	오늘	1일 후	2일 후	3일 후	4일 후
호준(권)	16	21	26	31	36
정애(권)	24	27	30	33	36

따라서 호준이와 정아가 읽은 동화책의 수가 같게 되는 것은 4일 후입니다.

331a~333b

1 산, 학생 수　　**2** 금강산

3 속리산　　**4** 32명

5 15대

6

7 1대

8 10개

9 1개

10 79개

11 1반, 4반, 3반, 2반

12
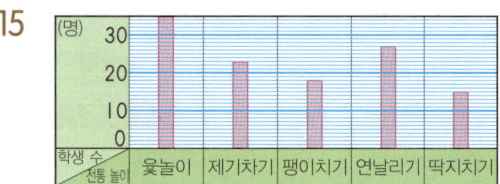

13 풍성 과수원, 달콤 과수원, 맛나 과수원, 초록 과수원, 조은 과수원

14 달콤 과수원, 풍성 과수원

15

16
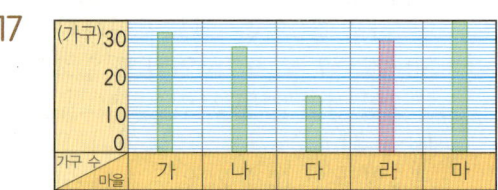

17

18

마을	가구 수
가	🏠🏠🏠🏠
나	🏠🏠🏠🏠🏠🏠🏠
다	🏠🏠🏠
라	🏠🏠🏠
마	🏠🏠🏠🏠🏠🏠

334a~336b

1

2 10점   **3** 진희

4 날수, 날씨   **5** 12, 10, 4, 5, 31

6 맑음, 흐림, 눈, 비

7

가게	봉지 수
최고	▢▢▢□□
알뜰	▢▢□□□□□
듬뿍	▢▢□□□□□□□□
일등	▢▢▢▢

8 알뜰 가게

9 일등 가게, 최고 가게, 듬뿍 가게, 알뜰 가게

10 30, 27, 33, 24, 17, 131

11 정수   **12** 정수

13
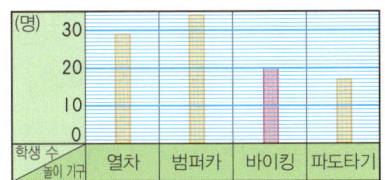

풀이 (바이킹을 타고 싶은 학생 수)
= 100 − (29 + 34 + 17) = 20(명)

14

놀이 기구	학생 수
열차	😊😊😊😊😊😊😊😊😊😊
범퍼카	😊😊😊😊😊😊
바이킹	😊😊
파도타기	😊😊😊😊😊😊😊

15
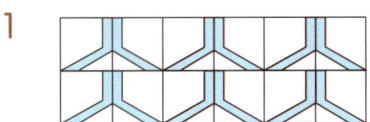

마을	무게
가	🔔🔔🔔🔔🔔
나	🔔🔔🔔🔔🔔🔔🔔
다	🔔🔔🔔🔔🔔🔔🔔🔔🔔
라	🔔🔔🔔🔔🔔

16 123kg

풀이 (마을별로 모은 폐품의 무게의 합)
= 35 + 27 + 29 + 32 = 123(kg)

337a~339b

1

2

3

4 월요일

풀이 7월 1일은 목요일입니다. 7월 1일과 같은 요일은 8일, 15일, 22일, 29일입니다. 따라서 7월 15일의 3일 전인 7월 12일은 월요일입니다.

5 주황색

6 11시 30분

풀이 2교시 수업 시작 시각:
9시 + 40분 + 10분 = 9시 50분
3교시 수업 시작 시각:
9시 50분 + 40분 + 10분 = 10시 40분
4교시 수업 시작 시각:
10시 40분 + 40분 + 10분 = 11시 30분

7

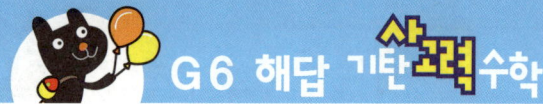

8 오전 9시 50분

풀이 9번째 호떡은 $10 \times 8 = 80$(분)
$= 1$시간 20분 후에 나옵니다.
따라서 오전 8시 30분 $+ 1$시간 20분
$=$ 오전 9시 50분에 나옵니다.

9

100원짜리(개)	4	3	2	1	0
50원짜리(개)	0	2	4	6	8

5가지

10

빨간 색연필(자루)	17	16	15	14	13	12	11	10
노란 색연필(자루)	0	1	2	3	4	5	6	7

10자루, 7자루

11 5개, 11개

양파(개)	0	1	2	3	4	5
당근(개)	16	15	14	13	12	11

따라서 양파는 5개, 당근은 11개 있습니다.

12 16, 27

13 3가지

초콜릿(개)	6	4	2
사탕(개)	5	10	15

따라서 3가지입니다.

14 (위에서부터) 4, 5

$$\begin{array}{r} 3\ \boxed{\bigcirc} \\ \times\ \boxed{\bigcirc}\ 8 \\ \hline 2\ 7\ 2 \\ 1\ 7\ 0 \\ \hline 1\ 9\ 7\ 2 \end{array}$$

풀이 $\bigcirc \times 8$의 일의 자리 숫자는 2이므로 $\bigcirc$은 4 또는 9입니다.
$34 \times 8 = 272$,
$39 \times 8 = 312$이므로 $\bigcirc = 4$입니다.
$34 \times \bigcirc = 170$이므로 $\bigcirc = 5$입니다.

15 36쪽, 37쪽

16

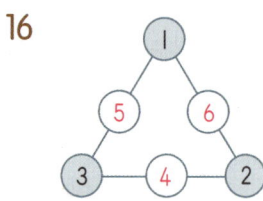

17

18 17cm

풀이 표를 만들어서 구하면

긴 쪽(cm)	20	21	22	23
짧은 쪽(cm)	20	19	18	17
차(cm)	0	2	4	6

따라서 짧은 쪽 막대의 길이는 17cm입니다.

340a~342b

1

2

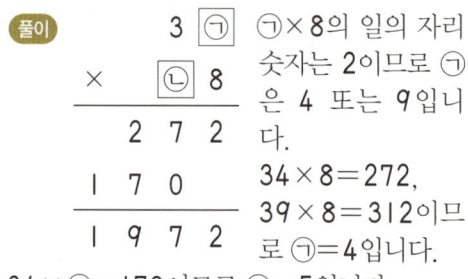

3 화요일

풀이 6월 1일은 수요일입니다. 6월 1일과 같은 요일은 8일, 15일, 22일, 29일입니다. 따라서 6월 29일의 1일 전인 6월 28일은 화요일입니다.

4 17시 10분

풀이 영화 상영 시간은 10시 40분 $-$ 9시 $= 1$시간 40분이고 휴식 시간은
11시 10분 $-$ 10시 40분 $=$ 30분입니다.
3회 영화 시작 시각:
12시 50분 $+$ 30분 $=$ 13시 20분
3회 영화 종료 시각:
13시 20분 $+ 1$시간 40분 $=$ 15시
4회 영화 시작 시각:
15시 $+$ 30분 $=$ 15시 30분
4회 영화 종료 시각:
15시 30분 $+ 1$시간 40분 $=$ 17시 10분

5 빨간색

풀이 파란색, 빨간색, 노란색 순서대로 반복되므로 $26 \div 3 = 8 \cdots 2$이므로 두 번째와 같은 빨간색이 놓입니다.

6 15개

풀이 첫 번째: 1개
두 번째: 1+2=3(개)
세 번째: 1+2+3=6(개)
네 번째: 1+2+3+4=10(개)
다섯 번째: 1+2+3+4+5=15(개)

7 일요일

풀이 9월 30일은 화요일입니다. 9월 30일과 같은 요일은 23일, 16일, 9일, 2일입니다. 따라서 9월 9일의 2일 전인 9월 7일은 일요일입니다.

8 오후 2시

풀이 8번째 인형은
40×7=280(분)=4시간 40분 후에 나옵니다. 따라서 오전 9시 20분+4시간 40분=오후 2시에 나옵니다.

9

500원짜리(개)	5	4	3	2	1	0
100원짜리(개)	0	5	10	15	20	25

6가지

10 4시 10분

풀이
첫 번째	두 번째	세 번째	네 번째	다섯 번째	여섯 번째
2:30	2:50	3:10	3:30	3:50	4:10

11

파란색 구슬(개)	0	1	2	3	4	5	6
빨간색 구슬(개)	19	18	17	16	15	14	13

6개, 13개

12 11살, 15살

풀이
희수의 나이(살)	6	7	8	9	10	11
언니의 나이(살)	20	19	18	17	16	15

13 (위에서부터) 7, 9, 2, 2, 7

풀이
```
        5  ㉠
     ×     4  7
     ─────────
        3  ㉡  9
     ㉢  ㉣  8
     ─────────
     2  6  ㉤  9
```

5㉠×7=3㉡9이므로 ㉠=7입니다.
57×7=399이므로 ㉡=9입니다.
57×4=228이므로 ㉢=2, ㉣=2입니다.
399+2280=2679이므로 ㉤=7입니다.

14 또는

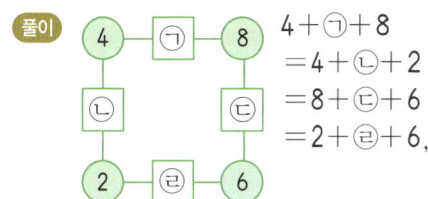

15 (위에서부터) 3, 9, 1, 7

풀이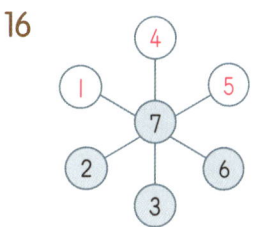

4+㉠+8
=4+㉡+2
=8+㉢+6
=2+㉣+6,

㉠+12=㉡+6=㉢+14=㉣+8
㉠=3, ㉡=9, ㉢=1, ㉣=7

16

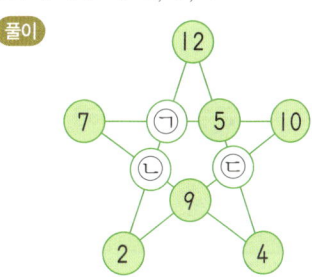

17 (위에서부터) 6, 8, 7

풀이 [별 모양 그림: 12, 7, ㉠, 5, 10, ㉡, ㉢, 9, 2, 4]

7+㉠+5+10=7+㉡+9+4
        =2+9+㉢+10
㉠+22=㉡+20=㉢+21
㉠에 가장 작은 수, ㉡에 가장 큰 수를 넣습니다.
따라서 ㉠=6, ㉡=8, ㉢=7입니다.

18 4마리, 8마리

풀이 돼지의 다리는 4개이고, 닭의 다리는 2개입니다.

돼지(마리)	1	2	3	4
닭(마리)	11	10	9	8
다리 수(개)	26	28	30	32

따라서 돼지는 4마리, 닭은 8마리입니다.

343a~343b　창의력 학습

a 10월 10일 금요일

[풀이] 9월 3일부터 37일 후는 10월 10일입니다. 9월은 30일까지 있고 9월 30일은 화요일입니다. 10월 1일이 수요일이므로 10월 10일은 금요일입니다.

b

2	9	7	4	8	3	5	6	1
8	6	5	2	1	9	7	4	3
1	3	4	5	7	6	9	8	2
4	2	9	1	5	8	3	7	6
7	5	3	6	4	2	8	1	9
6	8	1	9	3	7	2	5	4
9	4	8	3	6	5	1	2	7
5	1	2	7	9	4	6	3	8
3	7	6	8	2	1	4	9	5

344a~345b　경시대회 예상문제

1 25, 17

[풀이] 다은이와 미숙이의 책의 수의 합:
$100-24-19-15=42$(권)
다은이의 책의 수: $(42+8)\div2=25$(권)
미숙이의 책의 수: $25-8=17$(권)

2

농장	생산량
가	◎◎○○○‥
나	◎○○○○○○○•
다	◎○○○○○○○○○‥‥
라	◎◎○‥‥‥‥

[풀이] 다 농장의 감자 생산량은 194kg이므로 나 농장의 감자 생산량은
$194-23=171$(kg)입니다.

3 6명

[풀이] 남학생 수의 합:
$8+11+9+7+10=45$(명)

여학생 수의 합:
$5+7+8+10+9=39$(명)
따라서 축구를 좋아하는 전체 남학생 수가
$45-39=6$(명) 더 많습니다.

4 30개

[풀이] 전체 사과 생산량:
$75+83+67+75=300$(kg)
300kg을 10kg씩 상자에 넣으면 30개의 상자가 필요합니다.

5 5

[풀이] ★×★의 일의 자리 숫자는 ★이므로 ★은 1 또는 5 또는 6입니다.
$555\times5=2775$, $666\times6=3996$
따라서 ★$=5$입니다.

6 금요일

[풀이] 6월 5일은 수요일이므로 5일 전인 5월 31일은 금요일입니다. $5월 31-7-7-7-7=3$(일)도 금요일이므로 3일 전인 4월 30일은 화요일입니다. $4월 30-7-7-7-7=2$(일)이 화요일이므로 3일 후인 4월 5일은 금요일입니다.

7 정사각형 모양으로 흰 바둑돌은 1개, 5개, 9개, ……로 놓이고, 검은 바둑돌은 3개, 7개, 11개, ……로 놓이는 규칙입니다.
9번째에 흰 바둑돌:
$1+5+9+13+17=45$(개)
9번째에 검은 바둑돌:
$3+7+11+15=36$(개)
따라서 흰 바둑돌이 $45-36=9$(개) 더 많습니다.
[답] 흰 바둑돌, 9개

평가 기준	
상	흰 바둑돌과 검은 바둑돌의 수를 구하고 답을 바르게 구한 경우
중	흰 바둑돌과 검은 바둑돌의 수는 구했지만 답이 틀린 경우
하	풀이 과정과 답을 구하지 못한 경우

8 7, 5

[풀이] $9\times\blacksquare$의 일의 자리 숫자가 $\blacksquare$인 경우는 $\blacksquare$가 5일 경우입니다.
$69\times5=345$이므로 $\blacksquare=5$입니다.
$69\times\bullet=483$, $\bullet=7$입니다.

9 〈예〉 표를 만들어서 구하면

긴 쪽(cm)	30	31	32	33	34	35
짧은 쪽(cm)	30	29	28	27	26	25
차(cm)	0	2	4	6	8	10

따라서 짧은 쪽 끈의 길이는 25cm입니다.
[답] 25cm

평가 기준	
상	풀이 과정과 답을 바르게 구한 경우
중	풀이 과정은 맞지만 답이 틀린 경우
하	풀이 과정과 답을 구하지 못한 경우

10 49

〈풀이〉 한 수를 25라 예상하면 다른 한 수는 26입니다. $25 \times 26 = 650$이므로 두 수 중 한 수는 25보다 작습니다.
한 수를 24라 예상하면 다른 한 수는 25입니다. $24 \times 25 = 600$입니다.
따라서 두 수의 합은 $24 + 25 = 49$입니다.

346a~347b

1 7002   **2** 8246
3 9511   **4** 1664
5 8823   **6** 3765, 2988
7 8100   **8** 6247, 3678
9 642   **10** ㉠
11 3210명   **12** 5647m
13 2910명   **14** 3540권

348a~349b

1 3648   **2** 1053
3 2940   **4** <
5 368, 2944
6

⊗→		
65	20	1300
47	30	1410
3055	600	

(⊗↓ on left side)

7 1134

8

$$\begin{array}{r} 64 \\ \times\ 28 \\ \hline 512 \\ 128 \\ \hline 1792 \end{array}$$

[이유] 〈예〉 $64 \times 20 = 1280$이므로 $64 \times 2 = 128$을 십의 자리부터 자리를 맞추어 써야 되는데 일의 자리부터 썼습니다.

9 ㉡, ㉠, ㉢

10 1415개   **11** 816명

12 690쪽

〈풀이〉 (30일 동안 읽은 동화책의 쪽수)
$= 12 \times 20 + 18 \times 25 = 690$(쪽)

13 529개

〈풀이〉 (전체 초콜릿 수)
$= 129 \times 4 + 13 = 529$(개)

350a~350b

1 4cm   **2** 14cm
3 3군데   **4** 20cm
5 24cm
6 120cm

〈풀이〉 직사각형의 네 변의 길이는 반지름의 20배와 같으므로 $6 \times 20 = 120$(cm)입니다.

351a~352b

1 30   **2** 21
3 31   **4** 13, 6, 18, 18
5 >
6 11⋯5 / $6 \times 11 + 5 = 71$

〈풀이〉
$$\begin{array}{r} 11 \\ 6\overline{)71} \\ 6 \\ \hline 11 \\ 6 \\ \hline 5 \end{array}$$

7 ㉡, ㉣   **8** 38, 5, 7, 3
9 ㉠, ㉡, ㉣, ㉢
10 12개   **11** 12, 6

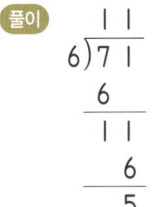

12 83

풀이 어떤 수를 □라 하면
□÷6=13…5 ➡ □=6×13+5=83

13 60자루

풀이 (전체 연필 수)
=7×8+4=60(자루)

353a~354b

1 주전자   **2** 2700

3 6, 400   **4** 8L 600mL

5 3L 500mL   **6** ㉯

7 현석   **8** 6L 100mL

9 풀, 연필, 4   **10** <

11 7kg 900g   **12** 8kg 300g

13 사과 한 상자   **14** 5kg 900g

15 3kg 800g

355a~355b

1 0.7, 영점 칠

2 0.8   **3** 4.9

4 0.9   **5** 7.3

6 <   **7** <

8 3.7, 0.9   **9** 5, 4.1, 1.8, 0.6

356a~356b

1 과일, 학생 수

2

풀이 포도: 32−(9+5+10)=8(명)

3 바나나, 사과, 포도, 복숭아

4 2명

5 33, 27, 17, 30, 107

6 호호 가게   **7** 왕창 가게

8 호호 가게

357a~357b

1

2 22개

풀이 바둑돌의 개수가 4개, 7개, 10개, 13개, ……로 3개씩 늘어나는 규칙이므로 일곱 번째는 4+3×6=22(개)입니다.

3 화요일

풀이 8월 5일은 토요일이므로 8월 12일, 19일, 26일도 토요일입니다. 5일 후인 8월 31일은 목요일이고 9월 1일은 금요일입니다. 따라서 9월 8일이 금요일이므로 4일 후인 12일은 화요일입니다.

4

흰 바둑돌(개)	20	19	18	17	16	15	14	13
검은 바둑돌(개)	0	1	2	3	4	5	6	7

13개, 7개

5 (위에서부터) 5, 5, 4, 5, 5

풀이

$$\begin{array}{r} 7\ ㉠ \\ \times\ \ 6\ 2 \\ \hline 1\ ㉡\ 0 \\ ㉢\ ㉣\ 0 \\ \hline 4\ 6\ ㉤\ 0 \end{array}$$

㉠×2의 일의 자리 숫자는 0이므로 ㉠=5입니다.
75×2=150이므로 ㉡=5입니다.
75×6=450이므로 ㉢=4, ㉣=5입니다.

150+4500=4650이므로 ㉤=5입니다.

6 (위에서부터) 14, 17, 15, 11, 18

풀이

12	19	㉠
㉡	㉢	13
16	㉣	㉤

12+19+㉠=45, ㉠=14
12+㉡+16=45, ㉡=17
㉡+㉢+13=45, ㉢=15
19+㉢+㉣=45, ㉣=11
16+㉣+㉤=45, ㉤=18

358a~358b 창의력 학습

a (예)

2	7	6
9	5	1
4	3	8

b 15명

풀이 10시간=600분, 가장 적은 수의 사람이 지나가려면 40분마다 한 명씩 지나가면 됩니다. 따라서 $40 \times 15 = 600$(분)이므로 15명이 지나가면 가로등에 불이 들어옵니다.

359a~360b 경시대회 예상문제

1 222

풀이 $4387 + 859 + 1975 = 7221$
$7221 < 7000 + \square$, $221 < \square$
따라서 $\square$ 안에 들어갈 수 있는 수 중에서 가장 작은 세 자리 수는 222입니다.

2 어떤 수를 $\square$라 하면
$\square - 795 + 2286 = 3251$
$\square = 3251 - 2286 + 795 = 1760$
바르게 계산하면 $1760 + 795 - 2286$
$= 269$입니다.
[답] 269

평가 기준	
상	어떤 수를 구하고 답을 바르게 구한 경우
중	어떤 수는 구했지만 계산을 잘못하여 답이 틀린 경우
하	풀이 과정과 답을 구하지 못한 경우

3 (위에서부터) 5, 9, 6, 1

풀이

```
      ㉠ 4
   ×  3 ㉡
   ─────────
     4 8 6
   1 ㉢ 2
   2 ㉣ 0 6
```

$㉠4 \times ㉡ = 486$이므로 $㉡ = 9$입니다.
$㉠4 \times 9 = 486$이므로 $㉠ = 5$입니다.
$54 \times 3 = 1㉢2$,
$54 \times 3 = 162$이므로 $㉢ = 6$입니다.
$486 + 1620 = 2106$이므로 $㉣ = 1$입니다.

4 126cm

풀이 직사각형 ㄱㄴㄷㄹ의 네 변의 길이의 합은 원의 지름의 9배입니다. 따라서 직사각형 ㄱㄴㄷㄹ의 네 변의 길이의 합은 $14 \times 9 = 126$(cm)입니다.

5 (두 자리 수)×(두 자리 수)의 곱을 크게 만들려면 두 수의 십의 자리 숫자가 커야 합니다. 십의 자리에 8 또는 6을 넣어 두 자리 수를 만들면 8□, 6□이고 $85 \times 62 = 5270$, $82 \times 65 = 5330$에서 곱이 가장 큰 곱셈식은 $82 \times 65 = 5330$입니다.
[답] $82 \times 65 = 5330$

평가 기준	
상	식을 바르게 세우고 답을 바르게 구한 경우
중	식은 바르게 세웠지만 계산을 잘못하여 답이 틀린 경우
하	풀이 과정과 답을 구하지 못한 경우

6 47

풀이 6으로 나누었을 때 나머지가 가장 큰 수는 5이므로 ●=5입니다.
$★ \div 6 = 7 \cdots 5$, $★ = 6 \times 7 + 5 = 47$

7 7, 2

풀이 어떤 수를 □라 하면
$\square \div 8 = 6 \cdots 3$, $\square = 8 \times 6 + 3 = 51$
$51 \div 7 = 7 \cdots 2$
따라서 어떤 수를 7로 나누면 몫은 7, 나머지는 2입니다.

8 1L

풀이 ㉮=㉯+㉯+㉯, ㉯=㉰+㉰,
㉰+㉰+㉰+㉰+㉰+㉰+㉰+㉰+㉰
$= 9L$, $9 \times ㉰ = 9L$, ㉰$= 1L$

9 1kg 800g

풀이 (수박 1통)=(귤 9개)
(귤 5개)=(배 2개)
(배 1개)=500g
(배 2개)=500g+500g=1000g
(귤 5개)=1000g, (귤 1개)=200g
(수박 1통)=200g$\times$9=1800g
$= 1$kg 800g

10 0.7

풀이 $\frac{6}{10}=0.6$

0.1과 0.9 사이의 수 중 0.6보다 큰 수는 0.7, 0.8입니다. 이 중에서 0.8보다 작은 수는 0.7입니다.

11 24개

풀이 가: 23kg, 나: 25kg, 다: 21kg, 라: 27kg
전체 포도의 무게는
$23+25+21+27=96$(kg)입니다.
따라서 상자는 $96÷4=24$(개) 필요합니다.

12 44cm

풀이 예 표를 만들어서 구하면

긴 쪽(cm)	40	41	42	43	44
짧은 쪽(cm)	40	39	38	37	36
차(cm)	0	2	4	6	8

따라서 긴 쪽 막대의 길이는 44cm입니다.

G6 종료 테스트

1 8012, 2256

2 989명

3 2592

4 510개

5 48cm

풀이 (가장 큰 원의 지름)
$=(6+6)×2×2=48$(cm)

6 23cm

풀이 (삼각형 ㄱㄴㄷ의 세 변의 길이의 합)$=5+5+5+8=23$(cm)

7 15, 5, $6×15+5=95$

8 15명, 1권

풀이 $46÷3=15\cdots1$
따라서 공책을 15명에게 나누어 줄 수 있고 1권이 남습니다.

9 64

풀이 어떤 수를 □라 하면
$(\square+5)÷6=11\cdots3$,
$\square+5=6×11+3$, $\square=69-5=64$

10 5L 400mL, 2L 200mL

11 2L 100mL

12 ㄹ, ㄴ, ㄱ, ㄷ

13 5.2, 오점 이

14 명호네 집

15
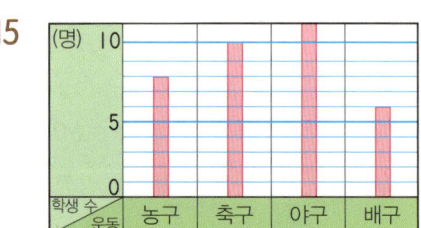

16

운동	학생 수
농구	◎ ◎ ◎ ◎ ◎ ◎ ◎
축구	◎
야구	☺ ◎
배구	◎ ◎ ◎ ◎ ◎

17 야구, 축구, 농구, 배구

18 24개

풀이 바둑돌이 4개, 8개, 12개, ……로 4개씩 늘어나는 규칙입니다. 따라서 여섯 번째에 놓인 바둑돌은 $4×6=24$(개)입니다.

19 14개, 5개

풀이

캔(개)	19	18	17	16	15	14
병(개)	0	1	2	3	4	5

따라서 병은 14개, 캔은 5개입니다.

20 (위에서부터) 15, 16, 12, 18, 13

풀이

11	㉠	19
㉡	17	㉢
㉣	㉤	14

$11+㉠+19=㉠+17+㉢$, $㉤=13$
$11+㉡+㉣=㉣+13+14$, $㉡=16$
$11+㉠+19=19+㉢+14$
　　　　$=㉣+13+14$
$㉠+30=㉢+33=㉣+27$이므로
$㉠=15$, $㉢=12$, $㉣=18$입니다.